中老年电脑通

电脑上网
轻松入门

三虎图书工作室　李彪　赵伦奎　编著

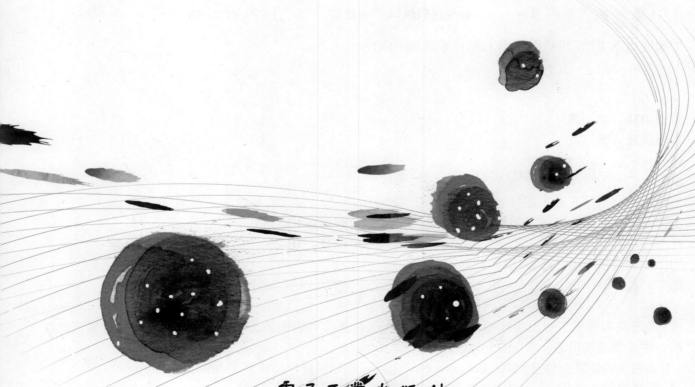

电子工业出版社
Publishing House of Electronics Industry
北京·BEIJING

内 容 简 介

本书根据中老年朋友学习电脑上网的特点，将"最实用、最常用"的电脑上网知识和网络应用技能，通过"图解+详细操作步骤+多媒体视频教学演示"的教学新模式展现给读者。通过本书的学习，中老年读者朋友可以轻松而快速地掌握最实用、最流行的网络知识和上网操作技能，从而成为一名真正的时尚网民。

本书在内容安排上注重中老年朋友日常生活、学习和工作中使用电脑上网的需求，突出"常用、实用、易学"的特点。具体内容包括：将电脑接入Internet、IE浏览器的基本操作、网上资源搜索与下载、网上看新闻和学习、网上听音乐和看电影、网上交友与聊天、网络论坛与博客、网上玩游戏、通过网络缴费、网上购物与炒股、维护系统安全等内容。

本书采用全彩印刷，版式精美大方，阅读轻松方便，配套多媒体自学光盘不但可以在电脑上播放教学视频，还支持家用DVD机。看着电视学电脑，快速提高更加容易！

未经许可，不得以任何方式复制或抄袭本书之部分或全部内容。
版权所有，侵权必究。

图书在版编目（CIP）数据

电脑上网轻松入门 / 李彪，赵伦奎编著. —北京：电子工业出版社，2012.1
（中老年电脑通）
ISBN 978-7-121-14751-7

Ⅰ. ①电… Ⅱ. ①李…②赵… Ⅲ. ①互联网络 – 中老年读物 Ⅳ. ①TP393.4–49

中国版本图书馆CIP数据核字（2011）第201943号

策划编辑：牛　勇
责任编辑：董　英
印　　刷：中国电影出版社印刷厂
装　　订：
出版发行：电子工业出版社
　　　　　北京市海淀区万寿路173信箱　　　　邮编：100036
开　　本：880×1230　　　1 / 16　　　印张：16.25　　　字数：364千字
印　　次：2012年1月第1次印刷
印　　数：4000册　　　　　　　　　　　　定　　价：49.80元（含DVD光盘1张）

前言

电脑和网络早已成为当前人们最熟悉的字眼，也已成为每个人生活和工作的必备工具之一。什么样的电脑图书才适合中老年读者朋友阅读呢？如何以最短的时间学到最有实用价值的技能呢？我们总结了众多电脑自学者的成功经验和一线计算机教学老师的教学经验，并结合了中老年人学习电脑的特点，精心策划并推出了这套适合中老年读者朋友的丛书——《中老年电脑通》，希望能帮助广大中老年朋友实现自己的学习目标。

一、图书特点

为了帮助读者在短时间内快速掌握需要的技能，并且能从书中学到"最常用"、"最实用"、"最流行"的电脑知识，本书在编写时力求完美结合"学得会"、"学得快"和"用得上"三大特点，无论是图书内容结构的安排、写作方式的选择，还是图书版式的设计，都是经过众多电脑初学读者试读成功而探讨和总结出来的。

❖ 学得会：本书在写作时力求讲解语言通俗、内容浅显易懂，避免出现枯燥的专业词汇与术语，并且操作步骤讲解清晰、详尽。在内容结构的安排上，从零开始，完全从读者自学的角度出发。

❖ 学得快：为了方便中老年读者学习，本书在写作手法上采用"图解+操作步骤"的方式进行讲解，避免了烦琐而冗长的文字叙述，真正做到简单明了，直观易学。另外，本书还配有精彩的DVD多媒体自学光盘，可以通过观看直观的视频演示来轻松学习书中所讲的重点内容。配套光盘还支持家用DVD机播放，可以看着电视学习电脑操作，学习更加方便！

❖ 用得上：本书在内容安排方面，从中老年朋友掌握电脑相关技术的实际需要出发，结合生活与工作的实际需要，以只讲"够用"、"实用"的知识为原则，并以实例方式讲解相关的知识和操作技巧，保证图书内容的实用性和含金量。

二、丛书配套光盘使用说明

本书附带一张DVD多媒体自学光盘，以下是配套光盘的使用简介。

运行环境要求

❖ 操作系统：Windows 9X/2000/XP/Vista/7简体中文版

❖ 显示模式：分辨率不小于1024×768像素，24位色以上

❖ 内存：512MB以上

❖ 光驱：4倍速以上的CD-ROM或DVD-ROM

❖ 其他：配备声卡与音箱（或耳机）

使用方法

将光盘印有文字的一面朝上放入电脑的DVD光驱，稍后光盘会自动运行，并进入光盘主界面。如果光盘没有自动运行，打开Windows XP操作系统的"我的电脑"窗口（Windows 7操作系统的"计算机"窗口），浏览光盘内容，双击Autorun.exe启动光盘。进入视频播放界面后，可通过播放控制按钮控制视频的播放，例如前进、后退、退出等。

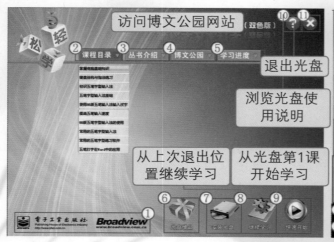

光盘主界面　　　　　　　　　　　　　　　视频播放界面

若使用家用DVD机播放本书配套光盘，则与普通DVD影碟使用方法一致。将光盘放入DVD机后，等待读碟，进入光盘主界面后，选择感兴趣的章节进行观看，选择"下一页"按钮可浏览其他章节。

三、答疑服务

如果您在学习本书的过程中遇到了疑难问题，或者有其他建议与意见，可以通过以下方式与我们联系。我们会尽力为您排忧解难。

❖ 热线电话：400-650-6806（无长途话费，工作日9:00~11:30，13:00~17:00）。

❖ 电子邮件：jsj@phei.com.cn。

四、丛书作者

本套丛书的作者和编委会成员均是多年从事电脑应用教学和科研的专家或学者，有着丰富的教学经验和实践经验，这些作品都是他们多年科研成果和教学经验的结晶。本书由李彪、赵伦奎主编，参与本书编写的还有朱世波、李勇、尹新梅、戴礼荣、李晓辉、成斌、唐蓉、蒋平、王金全、邓春华、邓建功、何紧莲、陈冬等。由于作者水平有限，书中疏漏和不足之处在所难免，恳请广大读者及专家不吝赐教。

目录

第4章 网上看新闻和学习 ···············61

第5章 网上听音乐和看电影 ···············75

第6章 网上交友与聊天 ···············95

第7章 网络论坛与博客 ·····················132

第8章 网上玩游戏 ·····················168

以下内容请见配套光盘

第1章

将电脑接入Internet

■ 任务播报

❖ 与网络第一次亲密接触
  ❶ Internet中都有些什么
  ❷ 我们能够通过网络做些什么

❖ 选择适合自己的上网方式
  ❶ ADSL上网 ❷ LAN小区宽带上网
  ❸ 无线局域网上网 ❹ 无线移动上网

❖ 将电脑与Internet相连接
  ❶ 将电脑与宽带网络连接起来
  ❷ 将多台电脑通过路由器同时连接到Internet

❖ 通过ADSL宽带接入Internet
  ❶ 在电脑桌面上创建拨号连接程序
  ❷ 通过拨号连接程序上网
  ❸ 断开宽带连接 ❹ 查看连接状态

■ 任务达标

❖ 清楚网络能够做什么
❖ 对上网方式有大致的了解
❖ 知道如何将电脑跟Internet相连接

任务目标 1 与网络第一次亲密接触

随着社会的发展，中老年人使用电脑上网的机会越来越多，网络也成了中老年朋友生活中不可缺少的一部分。那么，在我们的工作和生活中网络能够带来哪些帮助呢？下面就为大家介绍一下在网络上能够做些什么。

→ 任务精讲

1 了解Internet的基本常识

Internet（因特网）的基础建立于70年代发展起来的计算机网络群之上。它开始是由美国国防部资助的称为Arpanet的网络，原始的Arpanet早已被扩展和替换了，现在由其后代 Internet所取代。第一个应用Internet类似技术的试验网络用了4台计算机，建立于1969年，该时间是拉链发明后的56年，汽车停放计时器出现后的37年，也是第一台IBM个人计算机诞生后的13年。

然而把Internet看做一个计算机网络，甚至是一群相互连接的计算机网络都是不全面的。根据我们的观点，计算机网络只是简单的传载信息的媒体，而Internet的优越性和实用性则在于信息本身。

Internet不仅是一个计算机网络，更重要的是它是一个庞大的、实用的、可享受的信息源；同样也可以把Internet当做一个面向芸芸众生的社会来理解，世界各地上亿的人可以用Internet通信和共享信息源。通过网络可以发送或接收电子邮件；可以与别人建立联系并互相索取信息；可以在网上发布公告，宣传你的信息；可以参加各种专题小组讨论；可以免费享用大量的信息源和软件资源。

计算机的重要性在于它能完成大量的数据远程传输并能远程索取信息。信息本身是很重要的，它能提供公共服务、娱乐和消遣。

Internet是第一个全球性论坛、第一个全球性图书馆，任何人，在任何时间、任何地点，都可以加入进来，Internet永远向你敞开大门，不管你是什么人，总是受欢迎的，无论你是否穿了不适合的衣服，是否是有色人种，或者你的宗教信仰不同，甚至并不富有，Internet永远不会拒绝你。

2 我们能够通过网络做些什么

许多中老年朋友上网前感觉Internet高深莫测，初涉网海又无从突破，只停留在浏览页面的层次，不久后难免兴趣索然：Internet不过如此，信息少，速度慢，费用高，没什么好上的。也有一些朋友上网目的十分单纯，或阅读新闻，或收发电子邮件，或钻到聊天室里就是大半天。其实，媒体对Internet的评价绝不是夸大其词，前者无非是浅尝辄止的结果，后者也没有做到很好地让Internet为我所用。那么，上网到底能做些什么呢？

网上游览世界

浏览网络信息是Internet提供的最基本也是最简单的服务项目，几乎每个网站的主页部分都分门别类地设置了大到全世界，小到网站本身的新闻、信息。只要输入网址，一般用WWW浏览器浏览就行了。你可以单击鼠标漫无目标地在网上畅游，而且现在大多数传统媒介如报刊、电台等都有了网络版，让你足不出户即可尽知天下事。

收发电子邮件

电子邮件是Internet上最吸引用户的功能之一，尤其是许多网站推出的免费邮箱服务（如@hotmail.com、@163.com），极大地方便了人们的通信和交流。用户可以登录相关站点申请属于自己的免费邮箱。有了邮箱账号和密码，就可以用它收发邮件、订阅邮件、跟全世界的网友联系。电子邮件收发迅捷，操作简便，功能较多且不受工作和地址变动的限制。

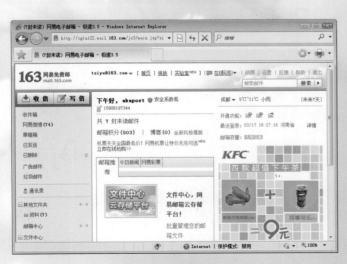

在线查询

想知道这几天的天气情况吗？想查最近的航班信息吗？想知道最近将有什么好看的电视剧播出吗……所有这一切，网上全有！没有现成的网址也没关系，有搜索引擎帮你，到一些相关站点如谷歌（www.google.com）、百度（www.baidu.com）等去搜寻，只需输入关键词即可进行模糊查询、站点链接。

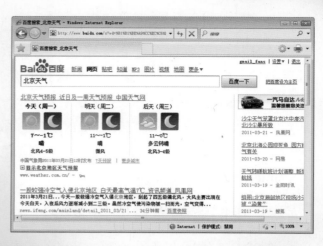

下载文件

在网络中很多地方提供各种文件下载服务，或有偿或免费，其内容大多数以软件、游戏和图片为主，比较著名的有天空软件站、太平洋下载站等。

网上购物

Internet发展到今天，已经使电子商场成为现实。消费者在电子商场中可以看到商品的式样、颜色、价格，并且可以订货、付款。电子商场每天24小时、每年365天营业，任何时候你想购物，只要打开家中联网的电脑，敲几个键，按几下鼠标，你选中的商品就会有专人送来。

网上聊天

以前，我们与远方的亲朋好友联系只能够靠写书信、打电话，现在，随着电脑与网络的普及，我们可以通过网络随时和远方的亲朋好友"聊天"。

"聊天"时不仅可以进行文字聊天，还能够听见亲友的声音，通过聊天软件的视频功能，我们还能够看见亲友的影像。

小知识

　　中老年人上网的好处有很多，可以不断地增长知识，开阔视野，可以交到很多真心的朋友。退休后活动圈子小了，有的朋友由于性格和爱好的原因，很难再扩大活动圈子，那就可以通过网络，慢慢充实自己，内向的人不喜欢主动认识别人，而网络可以解除你的尴尬，把生活中的愉快和不愉快都充分发泄出来。中老年人通过上网让自己不断学习新东西，可以使自己的脑子不提前老化。从保健的角度来讲，上网动脑又动手，中老年人的大脑必须经常活动，才能防止脑萎缩，上网能起到预防老年痴呆的作用。经常用手指敲击键盘，舒筋活血，可以使手指更加灵活，防止僵硬。

任务目标 2　选择适合自己的上网方式

　　在上网之前，了解上网方式是十分有必要的，因为这不但能增加中老年朋友对网络的了解，而且还能帮助你选择到适合自己的上网方式。

➡ 任务精讲

1　ADSL上网

　　使用ADSL上网是许多商业和家庭用户的最佳选择，尤其是对于使用网络频率非常高的用户。ADSL不仅以其速度快而著称，而且资费的下调对人们也相当地有吸引力。

ADSL英文全称为Asymmetric Digital Subscriber Line，即非对称数字用户线。

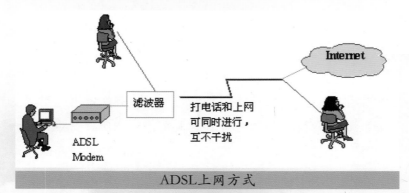

ADSL上网方式

　　ADSL技术是一种在普通电话线上高速传输数据的技术，它使用了电话线中一直没有被使用过的频率，所以可以突破调制解调器的56kb/s速度的极限。ADSL支持1.5Mb/s~8Mb/s的下行带宽（数据传输速度）和16Kb/s~640Kb/s的上行数据带宽。

　　ADSL技术的主要特点是可以充分利用现有的电话网络，在线路两端加装ADSL设备即可为用户提供高速宽带服务。ADSL的另外一个优点在于它可以与普通电话共存于一条电话线上，在一条普通电话线上接听、拨打电话的同时进行网络传输而又互不影响。在现有电话线上安装ADSL，只需一台ADSL终端设备（ADSL Modem）和一只电话分离器，用户线路不用改动，极其方便。由于ADSL上网的速度很快，ADSL终端与电脑间的连接不能使用串行口和并行口，用户需要购买一块网卡装到电脑上，再与ADSL终端相连。

小知识

　　宽带（Boardband）是指在同一传输介质上，可以利用不同的频道进行多重（并行）传输，并且速度在1.54Mb/s以上。传统使用模拟Modem接入网络时，速度最高不超过56kb/s，而使用宽带接入设备如10/100M自适应网卡时传输速度可达10Mb/s，是模拟Modem的180倍。

2　LAN小区宽带上网

　　社区宽带接入，简言之，就是住宅小区、写字楼等集团用户通过其综合布线系统对内部分散用户进行统一的Internet宽带接入，宽带电缆全部到户，住户在家中可用电脑高速访问Internet和宽带多媒体通信网。诸如"信息化智能小区"、"宽带信息小区"、"都市e站"、"数码港"等这些令人目眩的名称后面就是社区宽带接入的成功应用。

　　目前，在社区宽带中享有盛誉的当属中国电信的社区宽带、长城宽带及艾普宽带等。开通了社区宽带的地方，用户不妨尝试社区宽带给你带来的便利，因为其不但上网速度较快，而且能够享受其他的宽带附加服务，比如视频点播、社区内的信息共享和传递，以及智能化家庭服务等。

使用社区宽带上网

3　无线局域网上网

无线局域网络是相当便利的数据传输系统，它利用射频技术取代旧式碍手碍脚的双绞铜线所构成的局域网络，利用简单的存取架构让用户透过它，达到"信息随身化、便利走天下"的理想境界。

虽然说目前无线网络依旧不及有线网络那么普及，但是无线网络的优点也是每一个用过的人都深有感触的，不少用户都渴望体验无线上网的快感。组建一个基本的无线网络，至少需要一个无线路由器和一个无线网卡。无线路由器俗称AP，是AccessPoint的简写。我们可以将无线路由器理解为具备宽带接入端口、路由功能、采用无线连接客户端的普通路由器。无线网卡在功能上与传统

无线路由器

网卡如出一辙，只不过采用无线方式进行数据传输。无线网络和传统网络最基本的区别就是传输方式上不再需要麻烦的网络线缆，只需要靠无线信号就可以了。

4　无线移动上网

使用3G无线上网卡上网需要配备一块与之相对应的无线上网卡，还需到具体的运营商营业厅办理相关手续，不同的运营商价格不同。用户可以选包月、包季或按小时的方式收费。开通之后即可随时随地畅游网络世界，这种上网方式适合追求高移动性的商务人群。

联通3G无线上网卡

任务目标 3 将电脑与Internet相连接

在上网之前，需要将电脑与Internet相连接，在连接的时候，要准备好Modem、网线，分离线及电话线，然后使用正确的方法将其进行连接即可。

→ 任务精讲

1 将电脑与宽带网络连接起来

准备好ADSL信号分离器、Modem、一根两端都有RJ45水晶头的五类交叉双绞线及两根两端接好RJ11头的电话线（用来连接分离器和Modem的为M线；另一根用来连接分离器和电话机的为P线）后，就可以连接这些设备了，操作很简单。

STEP 01 将电话线从电话机上拔下来，并插接到ADSL分离器上标有LINE字样的接口上。

STEP 02 将M线一端插接到分离器上标有Modem字样的接口上；将P线一端插接到分离器上标有Phone字样的接口上。

STEP 03 将Phone线的另一端插接到电话上。

STEP 04 将已插接到分离器上M线的另一端插接到Modem上标有Phone字样的接口上。

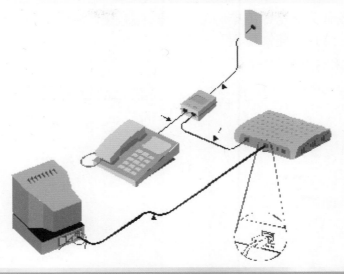

ADSL设备连接图

🔘 **STEP 05**　将带有水晶头的五类双绞线的一端插接到Modem上标有ENET字样的接口上。

🔘 **STEP 06**　将购买Modem时附带的电源插接到Modem的电源插孔中。

🔘 **STEP 07**　将已插接到Modem上的双绞线的另一端，插接到网卡接口上（网卡已经安装到主机箱内），至此ADSL硬件设备的连接便彻底完成了。

小知识 ◄···┈┈┈

　　当接通电源以后，两边网线的插孔对应的LED灯都亮时，表明硬件设备连接正常，否则就有问题。

2　将多台电脑通过路由器同时接入Internet

　　目前，大家在使用宽带上网的同时，还具有多台电脑同时上网的需求，可以通过路由器将多台电脑同时连接上Internet。

　　在许多家庭或者办公的局域网中，都会使用共享宽带来上网。这样在宽带运营商允许的条件下，就会大大地节约上网的成本，而且也相当方便。

　　使用Windows 7操作系统，也能够轻松实现共享接入ADSL。操作的具体步骤如下。

🔘 **STEP 01**　使用网线将ADSL路由器的WAN口与Modem的ENET端口相连，将需要共享上网的电脑连接上网线，并将网线的另一端插到路由器的LAN端口中。

STEP 02 在准备作为服务器的电脑上创建拨号连接，然后打开"控制面板"，单击"查看网络状态和任务"链接。

STEP 03 单击"宽带连接"链接。

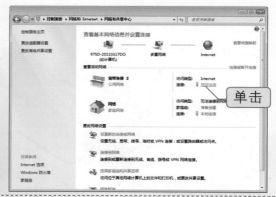

STEP 04 单击"属性"按钮。

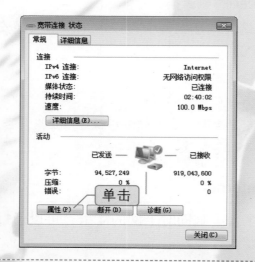

STEP 05 单击"共享"选项卡，勾选"允许其他网络用户通过此计算机的Internet连接来连接"复选框，然后单击"确定"按钮。

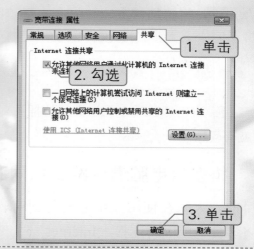

STEP 06 在其他的电脑中，进入"控制面板"，打开"网络和共享中心"窗口，单击"本地连接"链接。

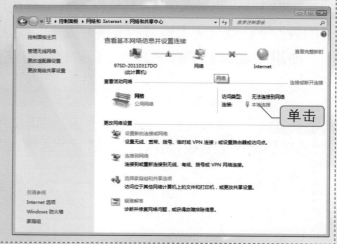

STEP 07 打开"宽带连接 状态"对话框，单击"属性"按钮。

STEP 08 选择"Internet协议版本4（TCP/Ipv4）"选项，然后单击"属性"按钮。

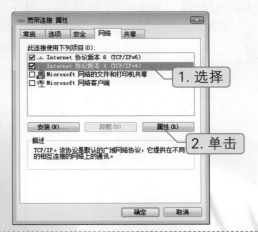

STEP 09 将IP地址设为192.168.1.*（*在2~255之间），子网掩码设为默认的255.255.255.0，默认网关设为192.168.1.1，最后单击"确定"按钮。此时，客户端电脑就可以通过服务器电脑共享Internet了。

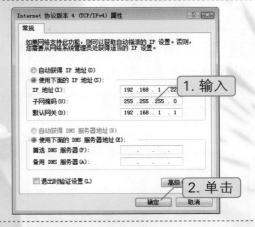

任务目标 4　通过ADSL宽带接入Internet

要通往Internet，单单安装好Modem是不够的，还需要在电脑中建立Internet连接。Windows 7系统自带的"新建连接向导"功能，能够帮助中老年用户方便地设置Internet账户，以便快捷地连接到Internet。

➔ 任务精讲

1　在电脑桌面上创建拨号连接程序

安装完网卡驱动程序之后，用户还需要创建拨号连接，才能够正常上网。创建拨号连接的具体步骤如下。

STEP 01 打开"控制面板"窗口，单击"查看网络状态和任务"链接。

STEP 02 单击"设置新的连接或网络"链接。

STEP 03 在出现的界面中选择"连接到Internet"选项，单击"下一步"按钮。

STEP 04 单击"宽带（PPPoE）"按钮。

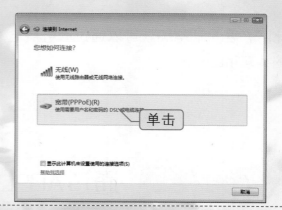

STEP 05 输入申请ADSL时得到的用户名和密码，并勾选"记住此密码"复选框，最后单击"连接"按钮。

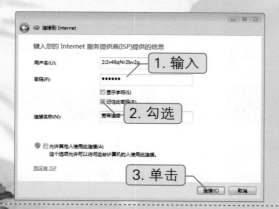

STEP 06 测试连接网络后，单击"关闭"按钮，结束创建。

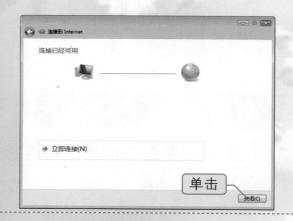

2 通过拨号连接程序上网

STEP 01 单击任务栏中的"网络"按钮，然后单击"连接"按钮。

STEP 02 弹出"连接 连接宽带"对话框，单击"连接"按钮，即可开始连接网络。

3 断开宽带连接

　　如果需要断开宽带连接，只需单击任务栏右侧的"网络"按钮，打开网络连接的界面，单击"断开"按钮，即可断开宽带连接。

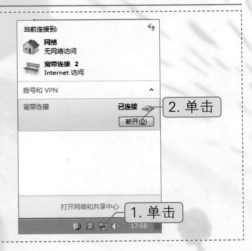

4 查看连接状态

STEP 01 单击任务栏右侧的"网络"按钮，打开网络连接的界面，在"宽带连接"区域单击鼠标右键，选择"状态"选项。

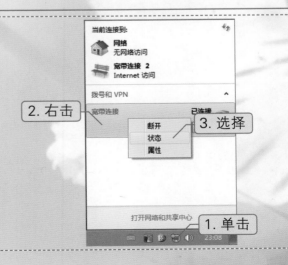

STEP 02 弹出"宽带连接 状态"对话框，可以查看到网络连接的时间、发送和接收的数据量等信息。查看完毕后，单击"关闭"按钮。

单击

互动练习

Internet是一个开放性的全球性图书馆。任何人，在任何时间、任何地点，都可以加入进来，Internet永远向所有人敞开大门。请说说通过Internet可以做哪些事情，并对每件事情进行简单的描述。

 提示：

1. 浏览网络信息
2. 收发电子邮件
3. 在线查询
4. 下载软件
5. 网上购物
6. 网上聊天

第2章

IE浏览器的基本操作

■ **任务播报**

❖ 认识IE浏览器窗口
   ❶ IE浏览器的启动与退出 ❷ 认识IE浏览器窗口

❖ 使用IE浏览器访问网站
   ❶ 在地址栏中输入网址
   ❷ 通过超链接浏览网页
   ❸ 通过收藏夹浏览网页
   ❹ 全屏浏览网页

❖ IE浏览器的基本设置
   ❶ 设置IE浏览器的主页
   ❷ IE临时文件夹的设置
   ❸ 设置网页中的字体
   ❹ 设置历史记录的保存时间

❖ 清除历史记录

■ **任务达标**

❖ 认识IE浏览器窗口
❖ 学会使用IE浏览器访问网站
❖ 了解IE浏览器的基本设置

任务目标 **1** 认识IE浏览器窗口

在信息资源丰富的网络世界中，通过IE浏览器上网浏览，可以为中老年朋友获取需要的各方面信息。在本书中将以IE8浏览器为例进行进解。

➲ 任务精讲

1 | IE浏览器的启动与退出

启动IE浏览器有3种常用方式。

❖ 如果桌面上有Internet Explorer的图标，则双击该图标即可启动。

❖ 在任务栏快速启动区域中，找到IE小图标，单击该图标即可启动。

❖ 单击"开始"按钮，选择"所有程序"选项，然后选择"Internet Explorer"。

双击

单击

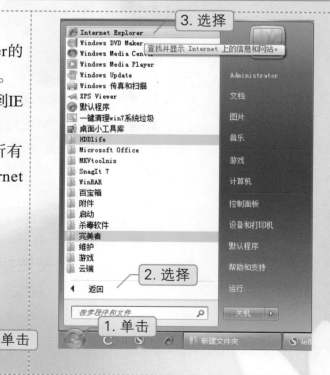

退出IE浏览器

当使用完IE浏览器的时候，需要将其关闭，退出IE浏览器的常用方法有两种。

❖　单击浏览器右上方的"关闭"按钮。

❖　在IE标题栏上单击鼠标右键，选择"关闭"选项。

　　IE是Internet Explorer的缩写，是由美国微软公司开发的一款免费的Internet浏览器软件。它被捆绑在Windows操作系统中，是上网浏览最为方便的工具之一。

2　认识IE浏览器窗口

　　IE的窗口主要由标题栏、菜单栏、命令栏、搜索栏、地址栏、选项卡、Web窗口和状态栏组成。

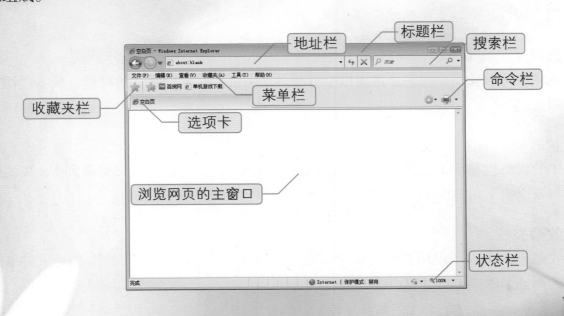

标题栏

标题栏位于窗口的顶部，它的左上角显示了当前打开Web页的名称，如"微软（中国）有限公司"，在标题栏的左边是窗口控制按钮，用来控制窗口的大小。

菜单栏

IE的菜单栏有"文件"、"编辑"、"查看"、"收藏"、"工具"和"帮助"6个菜单，这6个菜单包括了IE所有的操作命令。用户可以通过这些菜单，实现保存Web页、查找内容、收藏站点、脱机浏览等操作。

命令栏

IE命令栏列出了用户在浏览Web页时所需要的常用工具按钮，如"工具"、"打印"等。用户可以根据需要设置命令栏上的按钮种类和个数。

地址栏

在标题栏的下方是地址栏，它用来显示用户当前所打开的Web页的地址，我们常称Web地址为网址。在地址栏的文本框中键入网页地址并按下回车键（即"Enter"键），IE就会打开相应的网页。地址栏的前面有两个按钮，分别是"后退"按钮和"前进"按钮。

浏览网页的主窗口

浏览Web页的主窗口显示的是Web页的信息，用户主要通过它来达到浏览的目的。如果Web页内容较多，用户可使用主窗口旁边和下边的滚动条来进行浏览。

搜索栏

在搜索栏中输入要搜索的关键字，然后按回车键，即可使用默认的搜索引擎进行搜索。用户可以自由地更换搜索引擎。

选项卡

选项卡可以让用户在一个IE窗口中打开多个网页，在浏览网页的时候，只需要切换选项卡即可。

状态栏

IE的状态栏显示了软件当前的状态信息，用户通过状态栏，可以查看到Web页的打开过程与安全提示信息。

收藏夹栏

收藏夹是用来帮助用户随时收录喜欢的网址的，要浏览已收藏的网页时只需单击列表中的网址名称即可打开相应的网站。

网页是指可以使用浏览器看到并且以文件形式存储的多媒体资料。

任务目标 2　使用IE浏览器访问网站

IE是Windows系统自带的浏览器，其出色的功能深受大家的喜爱，在这里给中老年朋友介绍一下使用IE浏览器浏览网页的几种方法。

任务精讲

1　在地址栏中输入网址

中老年朋友如果要访问一个网页，可以在地址栏的文本框中输入该网站的地址，然后按回车键即可等待网页呈现在你的眼前。IE在打开网页时，右上角闪动的图标表示浏览器正在打开网页站点，同时状态栏也会给出打开的进度。

2　使用收藏夹浏览网页

使用收藏夹浏览网页的方法是：单击"收藏夹"按钮，然后单击选择要打开的网址名称即可。

3 全屏浏览网页

当中老年用户在窗口中浏览网页的时候，有时候会由于窗口的大小而制约了浏览网页的细节。这时可以通过下面的方法将网页进行全屏幕浏览，以获得更大的视觉空间。具体的操作方法如下。

STEP 01 单击"查看"菜单项，然后选择"全屏"选项。

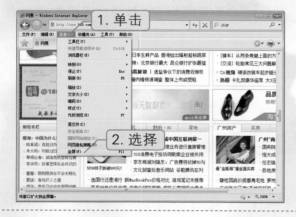

STEP 02 全屏状态下浏览网页的效果。

 小提示

按下F11键，也能实现全屏浏览网页。

任务目标 3 IE浏览器的基本设置

中老年朋友在使用IE浏览器浏览网页的时候，对其进行一些基本的设置，可以在浏览网页的时候更加得心应手。

➜ 任务精讲

1 设置IE浏览器的主页

在启动IE浏览器时，它将打开设置的默认主页，用户可以更改这个默认的主页，将它换成自己经常浏览的站点。设置IE的默认主页，可按以下操作步骤进行。

STEP 01 打开IE浏览器，单击"工具"按钮，单击"Internet选项"选项。

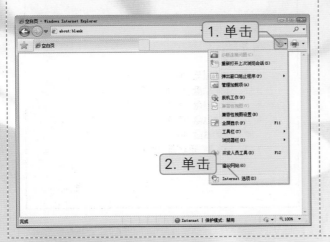

STEP 02 选择"常规"选项卡，在"主页"文本框中，输入用户最常浏览的站点地址，单击"确定"按钮。

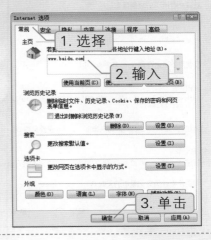

2 IE临时文件夹的设置

在浏览网页时，IE浏览器会使用专用的文件夹来保存用户曾经浏览过的网页的部分数据，以便用户再次访问这些站点时能够快速地打开整个网页。用户可以设置这个用于存放临时文件的文件夹。具体设置步骤如下。

STEP 01 单击"浏览历史记录"区域中的"设置"按钮。

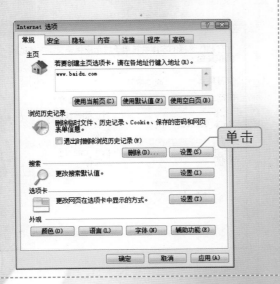

STEP 02 设置要使用的磁盘空间大小，临时文件的磁盘空间设得越大，保存的临时文件就越多，当临时空间不足时，会优先删除时间最久的临时文件。

STEP 03 单击"移动文件夹"按钮可以更改临时文件夹的存储位置。

STEP 04 选择要移动到的目标位置，然后单击"确定"按钮完成设置。

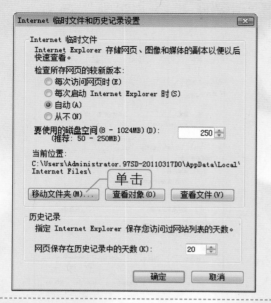

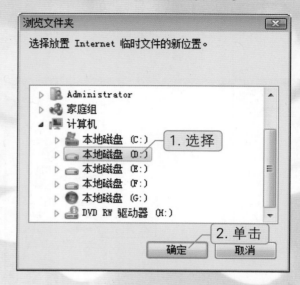

3 设置网页中的字体

用户在平时浏览网页的时候，难免会觉得网页中的文字字体不尽人意，其实我们可以对IE浏览器中的字体进行设置，以达到你所满意的效果。具体的设置方法如下。

STEP 01 打开"Internet选项"对话框，单击"字体"按钮。

STEP 02 在"字体"对话框中，中老年用户可以按照自己的需要对其进行相关的设置，直到满意为止，最后单击"确定"按钮。

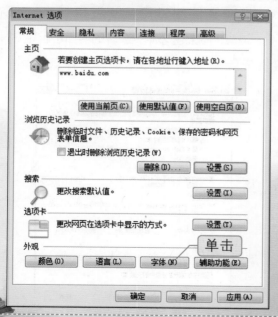

STEP 03 返回到"Internet选项"对话框，单击"辅助功能"按钮。

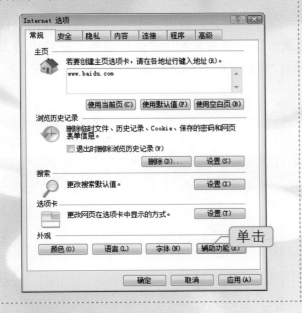

STEP 04 在弹出的"辅助功能"对话框中勾选"忽略网页上指定的字体样式"复选框，单击"确定"按钮。接着浏览任何网页时，所有的字体样式都会变成设置后的字体。

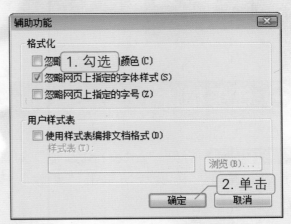

4　设置历史记录的保存时间

用户可以自己设置历史记录的保存天数。

STEP 01 在"Internet选项"对话框中单击"浏览历史记录"区域中的"设置"按钮。

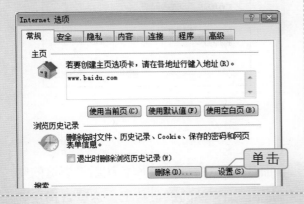

STEP 02 在"历史记录"区域中设置网站列表保存的天数，然后单击"确定"按钮。

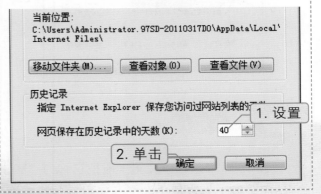

 小提示

建议中老年用户将历史记录的保存天数设置得长一些，如果浏览到一个有用的网站，若没有保存进收藏夹，日后想再浏览时，可以在历史记录中查找到。

任务目标 4 清除历史记录

在IE地址栏中会保存用户曾经浏览过的网页地址，这些地址称为历史记录。如果历史记录过多，将会影响IE的运行速度，并且也会占据大量的硬盘空间，因此需要及时对其进行清理。

➔ 任务精讲

STEP 01 打开"Internet选项"对话框的"常规"选项卡，单击"删除"按钮。

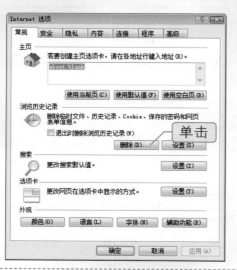

STEP 02 勾选要删除的选项，如"Internet临时文件"、"Cookie"、"历史记录"等，然后单击"删除"按钮即可。

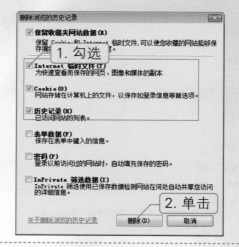

Cookie，在中文里一般把它称为"甜饼"，而在网络中，Cookie是从用户浏览的网站服务器上发送出来的，并通过浏览器在你的电脑硬盘上存储的少量数据。这些数据主要是一些标识码，它们记录了用户对Web站点的访问次数、访问时间和进入站点的路径等信息。Cookie在某种程度上可以说已经危及用户的隐私和安全，有特殊安全需求的用户可以考虑经常进行清除。

任务目标 5 收藏网页

中老年朋友可以将自己喜欢的网页地址添加到收藏夹中，以便以后能够快速地选择需要浏览的网页，免去输入地址的麻烦，也用不着去记记复杂的网站域名。这对于需要经常浏览的网页来说，是非常方便的。

➡ 任务精讲

1 将网页添加至收藏夹

STEP 01 在浏览需要收藏的网页时，单击"收藏夹"按钮，接着单击"添加到"按钮。

STEP 02 输入一个新的名字或接受默认名称，然后单击"添加"按钮。

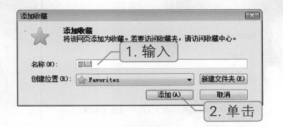

按"Ctrl+D"组合键可以直接将网页添加到收藏夹。

2 整理收藏夹

　　将站点添加到收藏夹中后，如果需要再次打开这个站点，可以通过单击"收藏夹"按钮来快速打开。如果收藏的网址过多，就需要对收藏夹进行整理，将其分成若干个文件夹。整理收藏夹的操作步骤如下。

STEP 01 打开一个IE浏览器窗口，单击"收藏夹"按钮，接着单击"添加到"后面的小三角按钮，选择"整理收藏夹"选项。

STEP 02 弹出"整理收藏夹"对话框，单击"新建文件夹"按钮，新建一个文件夹。

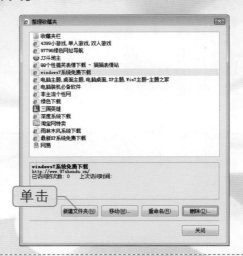

STEP 03 单击"重命名"按钮，给文件夹命名，选择要移动到此文件夹的网址名称，单击"移动"按钮。

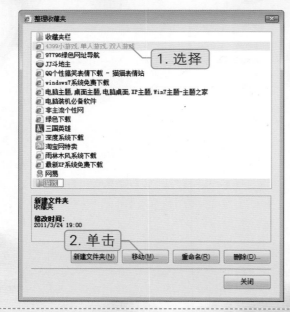

STEP 04 弹出"浏览文件夹"对话框，选择要移动至的文件夹，单击"确定"按钮。

移动网址还有另外一种方法，就是将要移动的网址名称拖曳到目标文件夹。

任务目标 6　保存网页

中老年用户在浏览网页时，如果遇到自己十分喜欢的网页、图片或文字，可以将其保存到电脑中，这样在断开网络的时候，依然可以浏览。

→ 任务精讲

1　保存整个网页

STEP 01 在选项卡栏上单击鼠标右键，选择"菜单栏"选项，将菜单栏显示出来。

STEP 02 单击"文件"菜单项，选择"另存为"选项。

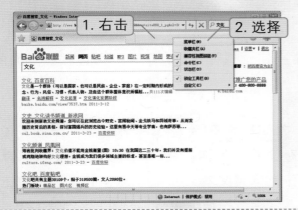

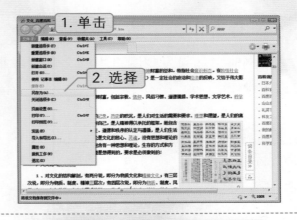

STEP 03 选择网页的保存位置，并输入文件名，然后单击"保存"按钮。

2　保存网页中的图片

在网页中发现一张漂亮的图片，如果想将其保存到自己的电脑中，该如何操作呢？

按照下面的操作步骤即可实现。

STEP 01 在打开的网页中找到要保存的图片，并在图片上单击鼠标右键，在弹出的快捷菜单中选择"图片另存为"选项。

STEP 02 选择图片的保存路径，输入图片保存后的文件名称，单击"保存"按钮。

3 保存网页中的文字

上网时，如果发现网页中的文章写得非常不错，想将其保存下来，可以按照下面的方法来操作。

STEP 01 用IE打开网页后，按"Alt"键显示出菜单栏，在菜单中选择"文件 / 另存为"选项。

STEP 02 选择保存的路径，并输入保存文件的名称，在"保存类型"下拉菜单中选择"文本文件（*.txt）"选项，单击"保存"按钮。

小知识

在保存网页中文字的时候，除了上面这种方法外，还可以使用复制、粘贴的方法来保存。将网页中需要保存的文字进行复制，然后新建一个记事本文件，将复制的文字粘贴进去，然后保存记事本。

互动练习

在下面的IE浏览器图片中标识出各部分的名称，并在脑海中回想一下各部分的作用。

1 _____

2 _____

3 _____

4 _____

5 _____

6 _____

7 _____

8 _____

9 _____

第3章

网上资源搜索与下载

■ 任务播报

❖ 认识搜索引擎
  ❶ 何谓搜索引擎
  ❷ 认识百度 ❸ 认识谷歌

❖ 气象和天气查询
  ❶ 使用浏览器地址栏查询当地气象和天气
  ❷ 使用即时搜索框查询气象和天气

❖ 市民办事查询
  ❶ 搜索当地的政府网站 ❷ 查看政府网站公告
  ❸ 利用网站导航查询需要办理的事务

❖ 火车时刻表和航班班次查询
  ❶ 访问本地客运网站 ❷ 查询火车时刻表
  ❸ 查询航班班次

■ 任务达标

❖ 对搜索引擎有大致的了解
❖ 了解网上资源的搜索方法
❖ 了解下载软件的使用方法

任务目标 1　认识搜索引擎

搜索引擎其实也是一个网站，只不过该网站专门提供信息"检索"服务，它使用特有的程序把Internet上的众多信息归类以帮助人们在浩如烟海的信息海洋中搜寻到自己所需要的信息。

➔ 任务精讲

1　何谓搜索引擎

搜索引擎由存放信息的大型数据库、信息提取系统、信息管理系统、信息检索系统和用户检索界面组成。信息提取系统的主要任务是在Internet上主动搜索WWW服务器或新闻服务器上的信息，并自动为它们制作索引，索引内容甚至信息本身则存放在搜索引擎的大型数据库中。搜索引擎管理系统的任务是对信息进行分类处理，有些搜索引擎还使用专业人员对信息进行人工分类和审查，以保证信息没有质量问题。

搜索引擎检索界面的任务是通过网页接收用户的查询请求，用户输入查询内容后，网页上将显示出查询结果。多数搜索引擎的检索界面都相差无几。在Internet上，具有搜索功能的网站有很多，如"百度"、"谷歌"等，这些网站都为用户提供了信息搜索服务。

上网搜索网络资源的方式大致可以分为两种。一种是分类目录型的检索，把Internet中的资源收集起来，根据其提供的资源的类型不同而分成不同的目录，一层一层地进行分类，人们要找自己想要的信息可按它们的分类级别进行，最后到达"目的地"，找到自己想要的信息。另一种是基于关键词的检索，这种方式支持用逻辑组合方式输入各种关键词（Keyword），搜索引擎系统根据这些关键词寻找用户所需资源的地址，然后根据一定的规则反馈给用户包含此关键字信息的所有网址和指向这些网址的链接。随着Internet信息按几何式增长，这些搜索引擎利用其内部的一个叫SPIDE（蜘蛛）的程序，自动搜索众多网站每一页，并把每一页上代表超链接的所有词汇放入一个数据库，供用户来查询。

2　搜索引擎的使用技巧

简单的信息查找

简单查找是最常用的方法，当我们输入一个关键词时，搜索引擎就把包括关键词的网址和与关键词意义相近的网址一起反馈给我们。例如，查找"科技"一词时，模糊查找就会把"科学"、"科普"及"技术"等内容的网址一起反馈回来。

使用引号进行精确查找

简单查找往往会反馈回大量不需要的信息，如果查找的是一个词组或多个汉字，最好的办法就是将它们用双引号（即在英文输入状态下的双引号）括起来，这样得到的结果最少、最精确。例如在搜索引擎的查询框中输入"电脑技术"，就等于告诉搜索引擎只反馈回网页中有"电脑技术"这几个关键字的网址，这会比不带双引号得到更少、更精确的结果。

使用加减号限定查找

很多搜索引擎都支持在搜索词前冠以加号（＋）限定搜索结果中必须包含的词汇，用减号（－）限定搜索结果中不能包含的词汇。例如，要查找的内容必须同时包括"中国、北京、奥运会"3个关键词时，就可用"中国＋北京＋奥运会"来表示。又例如，要查找"中国"，但必须没有"北京"字样，就可以用"中国－北京"来表示。

使用逻辑词辅助查找

比较著名的搜索引擎都支持使用逻辑词进行更复杂的搜索设定，常用的有AND（和）、OR（或）、NOT（否，有些是AND NOT）及NEAR（两个单词的靠近程度），恰当应用它们可以使搜索结果非常精确。另外，也可以使用括号将搜索词分别组合，如要查找的内容必须同时包括"电影、好莱坞、科幻"3个关键词时，就可用"电影 AND

好莱坞 AND 科幻"来表示。

3 认识百度

百度是全球最大的中文搜索引擎，用户通过百度主页，可以快速找到相关的搜索结果，这些结果来自于百度的中文网页数据库。百度提供的产品多达几十种，包括以网络搜索为主的功能性搜索，以贴吧为主的社区搜索，针对各区域、行业所需的垂直搜索，MP3搜索，以及门户频道、聊天软件搜索等，全面覆盖了中文网络世界所有的搜索需求。百度的网址是 www.baidu.com。

4 认识谷歌

谷歌（Google）是全球最大的搜索引擎，它的创新搜索技术每天为全球数以千万计的人们提供信息服务。除了搜索业务之外，谷歌还有许多很有意思的工具和服务，如谷歌地图、谷歌输入法、Chrome浏览器等。谷歌的网址是 www.google.com。

任务目标 2 气象和天气查询

中老年朋友大多都会通过电视来收看当地的天气预报。在电视上收看天气预报受时间的限制，如果当天忘了开电视，或是晚开一会儿，天气预报就看不到了，而在网络上，任何时候都可以立刻查询到全球的天气预报。

➔ 任务精讲

1 使用即时搜索框查询气象和天气

IE浏览器内置有网页搜索模块，使用此功能可以方便地查询天气情况，具体的操作步骤如下。

STEP 01 打开一个IE浏览器窗口，单击搜索框右侧的下拉按钮，选择要使用的搜索引擎。

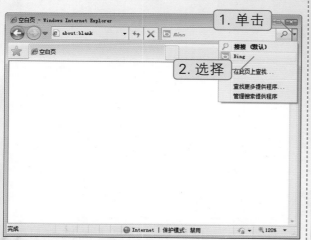

STEP 02 输入要搜索的天气内容，格式为"城市名+天气"，输入完后，敲击回车键或单击"搜索"按钮。

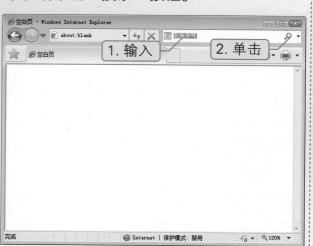

STEP 03 搜索出天气结果后，单击想要查看的结果链接，即可打开网站查看天气预报。

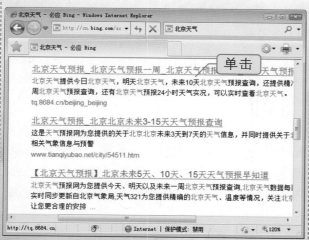

STEP 04 查看搜索城市的近期天气情况。

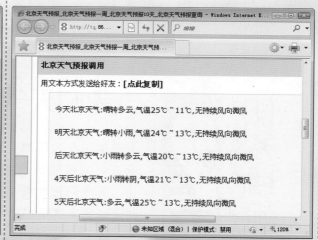

2 使用搜索引擎查询当地气象和天气

直接在百度或谷歌搜索引擎上也可以很方便地搜索当地的气象和天气，具体的操作步骤如下。

STEP 01 打开一个IE窗口，输入百度的主页网址，然后在搜索框输入"城市名+天气"，然后单击"百度一下"按钮。

STEP 02 跳转到搜索结果页面，在页面上方直接可以看到显示出来的三天内天气情况。

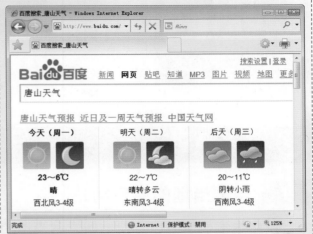

STEP 03 向下拖动滚动条，也可以在其他的搜索结果中查看天气。单击要查看的结果链接，例如在当地的气象局网站上查看天气。

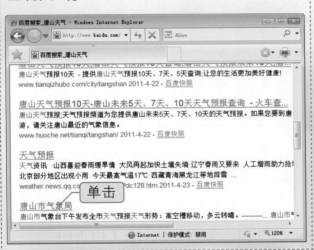

STEP 04 弹出当地的气象局页面，在网页上查看当地天气情况。

小知识

　　"框计算"是百度所提出的全新技术概念。用户只要在"百度框"中输入服务需求，系统就能明确识别这种需求，并将该需求分配给最优的内容资源或应用提供商处理，最终精准高效地返回给用户相匹配的结果。

任务目标 3 掌握市民办事查询方法

目前全国各地的政府网站大都开通了在线办事的功能，通过在线办事功能，市民从办事指南、表格下载、在线咨询、在线查询，直到在线申报，都可以在网络上完成，不仅简便，而且快速。

➔ 任务精讲

1 搜索当地的政府网站

使用搜索引擎可以方便地搜索到当地的政府网站，打开政府网站可以了解政府领导的近期动向，以及政府近期出台的规章制度和公告通知等。

STEP 01 打开百度主页，输入关键词"城市名+政府网站"，然后单击"百度一下"按钮。

STEP 02 在跳转的页面查看搜索结果，向下拖动滚动条找到自己要查看的政府网站，然后单击它的标题链接。

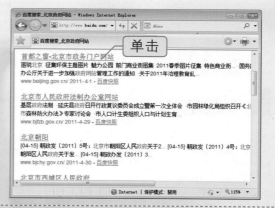

STEP 03 想要查看的政府网站被打开了，向下拖动滚动条浏览网站的信息。

2 查看政府网站公告

打开政府网站后，可以在上面查看政府的网站公告，不同的网站公告可能在不同的位置，中老年用户可以在政府网站主页上细致地拖动查找。下面以"首都之窗"网站为例介绍如何查看政府网站的公告。

STEP 01 打开"首都之窗"网站之后，找到网站的公告栏，单击要查看的公告标题，也可以单击"更多"链接，查看更多的公告标题。

STEP 02 在弹出的页面中显示要查看公告的详细内容，向下拖动右侧的滚动条阅读公告的全文。

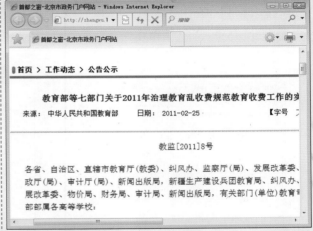

3 利用网站导航查询需要办理的事务

在一些政府网站上可以直接办理个人和企业的事务，下面以"首都之窗"网站为例介绍如何办理个人事务，具体的操作步骤如下。

STEP 01 打开"首都之窗"主页，单击"办事服务"选项卡。

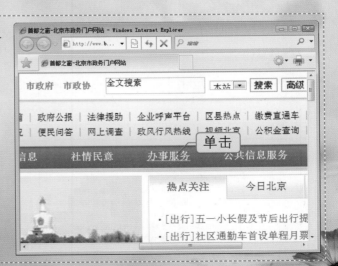

STEP 02 在跳转到的页面中查找可以办理的个人事务名称。

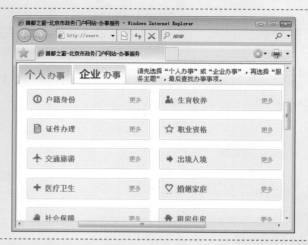

STEP 03 单击"企业办事"选项卡，查看可以办理的企业事务名称。

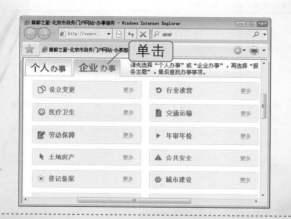

STEP 04 将鼠标指向一个名称，会显示可以办理事务的子标题，选择一个子标题，单击"办事指南"链接。

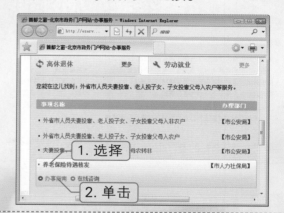

STEP 05 查看此条个人事务的办理方法，如果对网页上给出的指南有不明白的地方，可以单击"在线咨询"选项卡进行在线咨询。

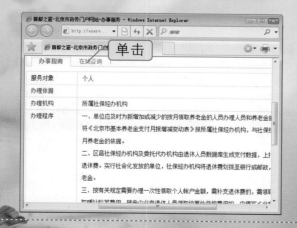

STEP 06 跳转到在线咨询的页面，要进行在线咨询需要先注册一个账号。输入注册的账号和密码，单击"登录"按钮。

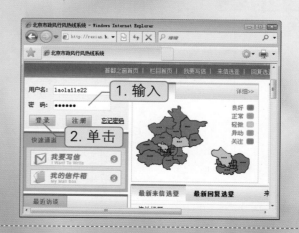

STEP 07 登录之后，单击"我要写信"按钮，即可开始进行在线咨询了。

STEP 08 输入在线咨询的标题和要咨询的内容，然后单击"提交"按钮。提交之后，等待一段时间，就可以收到回信了。

STEP 09 有些办事选项可以进行在线申报，使用此服务可以给用户省去很多排队的时间。例如"结婚登记"选项可以进行在线申报，单击其下方的"在线申报"链接。

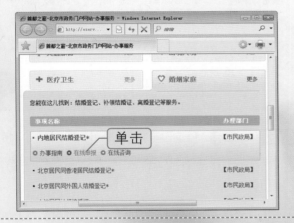

STEP 10 在弹出的页面中填写在线申报的相关资料，就可以进行网上预约了，预约成功后，按网站提供的时间去婚姻登记机关，就可以很快地办理结婚登记了。

任务目标 4　查询火车时刻表和航班班次

中老年用户如果要乘坐火车或是飞机出行的话，可以提前在网上查询相关的时刻表，选择合适的出行时间，让您轻松安排出行计划。

任务精讲

1 访问本地客运网站

如果中老年朋友要乘坐汽车出行，可以在线搜索本地的客运网站，查询客车的时间表，选择最佳的出行时间。访问本地客运网站的具体操作步骤如下。

STEP 01 打开百度主页，输入关键词"城市名+客运站"，然后单击"百度一下"按钮。

STEP 02 跳转到搜索结果页面，筛选符合要求的结果，然后单击想要查看的标题链接。

STEP 03 在弹出的页面中显示出了本地的所有客运车站。选择一个离自己最近的客运站，将名称记下来。

STEP 04 重新打开百度主页，输入想要乘坐车的车站的具体名称，然后单击"百度一下"按钮。

STEP 05 跳转到搜索结果页面，找到带有时刻表的结果链接，然后单击打开它。

STEP 06 在打开的搜索网页中查看客运车站的时刻表。

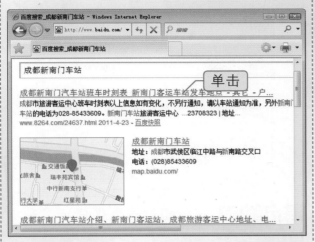

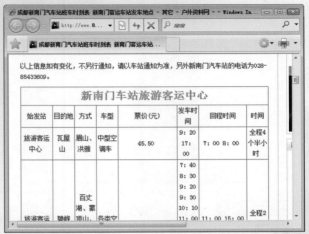

2 | 查询火车时刻表

火车时刻表是表明火车在铁路车站的到达、出发或通过时刻及在停车站的停车时间的表格。

STEP 01 打开百度主页，输入关键词"火车时刻表"，然后单击"百度一下"按钮。

STEP 02 跳转到搜索结果页面，在百度框计算中可以直接进行站站查询、车次查询及车站查询的操作，例如进行站站查询，输入出发城市和目的地城市，然后单击"查询"按钮。

STEP 03 在弹出的页面中查看搜索出的火车时刻表。

STEP 04 如果不想使用百度框计算进行查询，还可以在其他提供火车时刻表的网站上进行查询，单击要查询的标题链接。

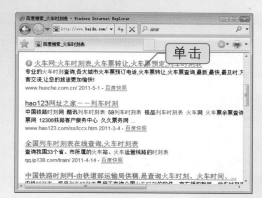

STEP 05 选择要查询的方式，例如按车次查询，输入车次的编号，单击"查询"按钮。

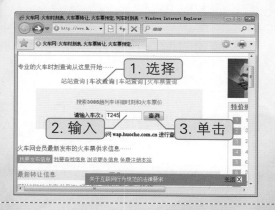

STEP 06 在弹出的页面中显示了车次的详细信息。

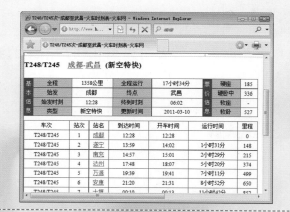

3　查询航班班次

下面介绍一下如何查询航班班次，具体的操作步骤如下。

STEP 01 打开百度主页，输入关键词"航班查询"，单击"百度一下"按钮。

STEP 02 在跳转到的页面中查看搜索结果，单击想要查看的标题链接。

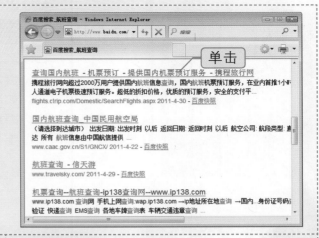

STEP 03 选择航程类型，选择出发城市和到达城市及出发日期，然后单击"查询航班"按钮。

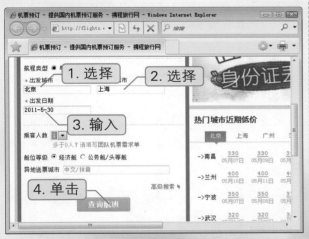

STEP 04 在跳转到的页面查看航班的查询结果。

STEP 05 查看到合适的票价后，可以单击右侧的"预订"按钮在线预订机票。

STEP 06 填写乘客的个人信息，按提示一步步的操作，即可成功预订机票。

查询旅游信息

可以在网络中浏览旅游景地信息，安排出行路线，预订酒店，或者报名参加旅行团。如果不想在旅途中奔波，待在家里面对电脑来一次网上旅游，饱饱眼福，也是一件有意思的事，尤其是当您浏览的是多媒体的网页。丰富的多媒体应用，悦耳的音乐，让您如亲临其境，其乐无穷。

⊙ 任务精讲

1 搜索旅游网站

下面介绍一下如何利用谷歌和导航网站hao123.com来搜索旅游网站，具体的操作步骤如下。

STEP 01 打开谷歌主页，输入关键词"旅游网"，然后单击"Google搜索"按钮。

STEP 02 查看搜索结果页面，筛选符合要求的网站，单击标题链接查看网站的详细信息。例如单击"中国旅游网"标题链接。

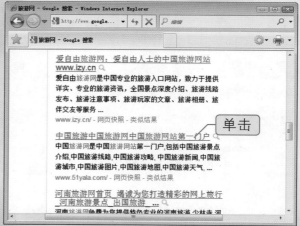

STEP 03 打开"中国旅游网",拖动滚动条浏览网站的旅游信息。

STEP 04 打开一个IE窗口,输入网址"www.hao123.com",然敲击回车键打开它。打开之后,单击"生活服务"类别下的"旅游"链接。

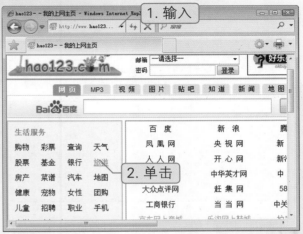

STEP 05 在跳转的页面中显示导航网站hao123.com收录的所有旅游网站,想查看哪个网站,只需单击名称链接即可。例如单击"中国古镇网"。

STEP 06 弹出"中国古镇网"的主页,在这个网站上可以浏览各个知名古镇的详细介绍。

2　在网站上查找旅游信息

下面介绍如何在网站上查找旅游资讯和景点介绍,具体的操作步骤如下。

STEP 01 在hao123.com的旅游网站页面上单击想要查看的网站名称，例如单击"芒果网"。

STEP 02 弹出"芒果网"的主页，单击"新闻资讯"选项卡。

STEP 03 单击要阅读的旅游新闻标题链接。

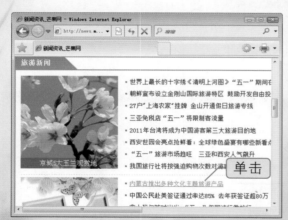

STEP 04 阅读新闻的详细内容。

STEP 05 下面接着介绍如何查看景点介绍，在"芒果网"上单击"旅游指南"选项卡。

STEP 06 在显示的中国地图上单击要查看的旅游景点所在的省份，例如单击"四川省"。

STEP 07 单击"四川景区"链接。

STEP 08 单击想要查看的景区名称。例如单击"峨眉山"。

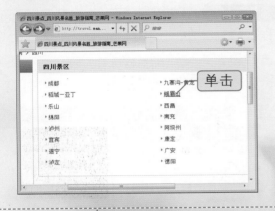

STEP 09 在跳转到的页面上有关于峨眉山景区的详细介绍，以及旅游费用的详细情况。

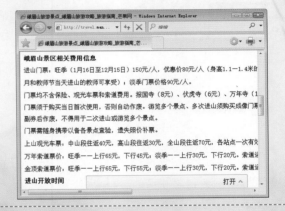

3　在网上预订旅游路线

如果想到哪个城市去旅游，可以提前在网上预订机票和酒店，下面以携程旅行网（www.ctrip.com）为例进行介绍，具体的操作步骤如下。

STEP 01 在hao123.com的旅游类别下单击"携程旅行网"。

STEP 02 打开携程旅行网后，在首页的"开始您的旅程"模块中选择旅程类型，输入出发和到达城市及出发和返回日期，然后单击"搜索"按钮。

STEP 03 查看航班的班次和机票的价格，选择好后，单击右侧的"预订"按钮。

STEP 04 输入乘客的个人信息，按照提示进行预订即可。预订成功后，会有专人上门送机票。

STEP 05 返回到主页，单击"开始您的旅程"模块中的"酒店"选项卡，选择所在城市，设置入住日期和离店日期，另外还可以设置价格范围，然后单击"搜索"按钮。

STEP 06 查看搜索结果中酒店的详细介绍，选择要入住的酒店，单击右侧的"预订"按钮。

STEP 07 填写入住信息和联系人信息，按照提示进行操作即可成功预订。

房型信息	(红色 表示价格或早餐发生变动)							
预订间数	房型	床型	宽带	面积	周六	周日	周一	
	特价大床房	大床房	有免费宽带	10-16㎡	第一周 RMB 238 单早	RMB 238 单早	RMB 238 单早	
1 ▼								
	备注 楼层:西楼4-6层;自助早餐价:RMB 25;该房型不可加床,无法安排无烟							
					共1间 总金额:714 (单间总价:¥14)			

入住信息

*填写入住人　赵伟
输入姓名(请务必保证所提供姓、名与入住时所持证件上完全相同)。

*最早到店时间 14:00 ▼　*最晚到店时间 17:00 ▼　最早到店时间3小时内

联系人信息

*联系人　赵伟
*确认方式　电话确认 ▼

STEP 08 下面接着介绍如何搜索选择自助游，返回到携程旅行网的首页，单击"旅游度假"选项卡，输入出发地和目的地，然后单击"搜索"按钮。

STEP 09 查看搜索结果，对于比较中意的结果可以单击"加入对比"链接。

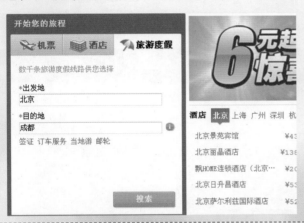

STEP 10 加入几个产品后，可以在对比栏中单击"开始对比"按钮，对度假产品进行对比。

STEP 11 查看对比结果，选择适合自己的度假产品，然后单击"预订"按钮进行预订。

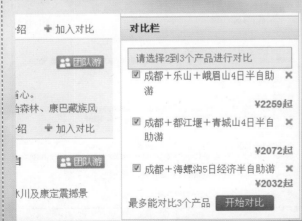

小知识 ◀

　　自助游是近年来兴起的一种旅游方式，是由游人根据自身条件自由选择服务组合的旅游类型。旅游中所涉及的吃、住、行、游、购、娱，所有事情全由自己解决，操作起来比较烦琐，但却摆脱了从前旅行社预先安排好的行程模式，更加随心所欲，自由自在，充满了多元化的个性元素。

任务目标 6 尝试网上求医问药

　　鼠标一点，轻松"看病"。时下，不少人有个常见病，首先想到的是到网上查找资料甚至求医问药。在网络上，不只可以查询病症起因，还可以预约挂号，为中老年人省去很多排队挂号的时间。

→ 任务精讲

1　查询病症起因

　　使用搜索引擎可以查找出各类病症的起因和治疗方法，下面以百度搜索引擎和"39健康网"为例介绍如何查询病症起因。

STEP 01 打开面度主页，输入关键词"病症名称+起因"，单击"百度一下"按钮。

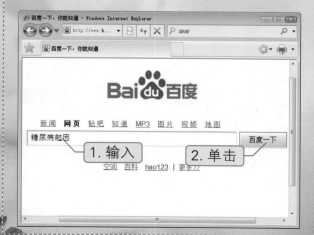

STEP 02 查看搜索结果，单击想要查看的标题链接。

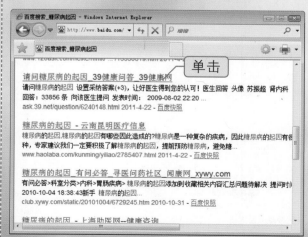

STEP 03 在弹出的新页面中阅读病症起因的详细信息。

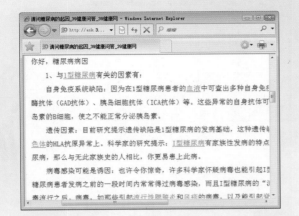

STEP 04 中老年朋友还可以打开"39健康网"来搜索病症起因,"39健康网"的网址为www.39.net,打开之后输入要搜索的症病,选择要搜索的类别,然后单击"39健康搜"按钮。

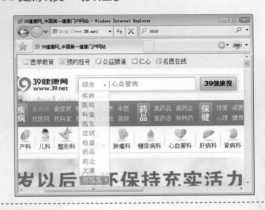

STEP 05 查看搜索结果,然后单击想要查看的标题链接。

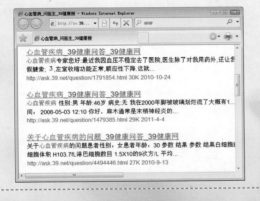

STEP 06 在弹出的新页面中即可阅读病症案例和专家回复。

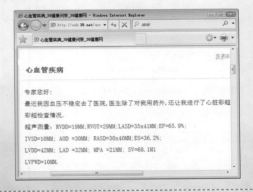

2 | 网上预约挂号

对于一些大的网站,可以在网上进行预约挂号,具体的操作步骤如下。

STEP 01 打开百度主页,输入关键词"网上挂号",单击"百度一下"按钮。

STEP 02 搜索出结果后，查看哪些网站可以进行在线挂号，例如全国门诊预约挂号网（www.guahaoe.com），单击标题链接打开此网站。

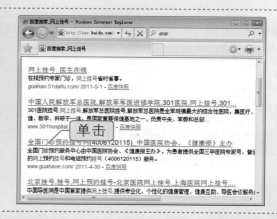

STEP 03 选择预约方式，可以按地区预约、按科室预约、检索式预约及电话预约。这里选择按地区预约，单击"北京"链接。

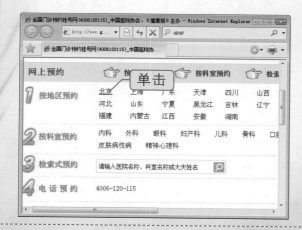

STEP 04 单击选择要预约的医院名称。

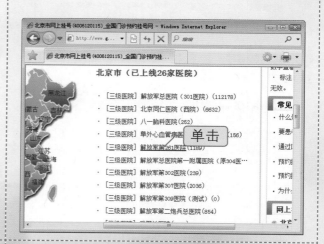

STEP 05 单击选择要预约的科室名称。

STEP 06 选择要预约的医师，然后选择要预约的时间，并单击下面的"预约"按钮。

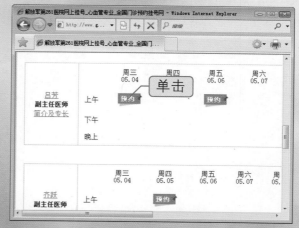

STEP 07 输入患者的个人信息，如证件号码、姓名、手机号码等。

STEP 08 输入验证码，勾选"我已阅读并同意遵守预约挂号用户须知"复选框，单击"马上预约"按钮。

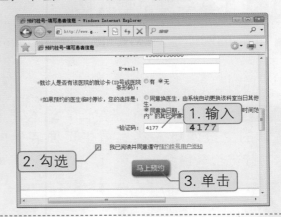

STEP 07 仔细阅读填写的信息是否有误，确认无误后单击"确认"按钮。

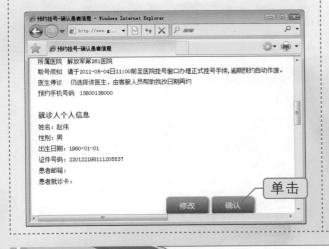

STEP 08 用户的手机会收到一条预约确认短信，使用手机直接回复数字"1"完成确认。回复成功后，系统会给用户发送"预约成功"的通知短信，告知用户取号时间和相关注意事项。

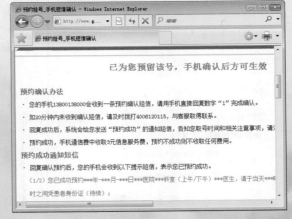

使用迅雷下载WinRAR软件

任务目标 **7**

迅雷是一款高速简单的下载软件，作为中国最大的下载服务提供商，迅雷每天服务来自几十个国家、超过数千万次的下载。

➔ 任务精讲

1 | 下载安装迅雷软件

迅雷的网址是www.xunlei.com，下面介绍如何下载和安装迅雷软件，具体的操作步骤如下。

STEP 01 打开一个IE窗口，输入"迅雷"的主页网址，然后单击页面底端的"下载迅雷"链接。

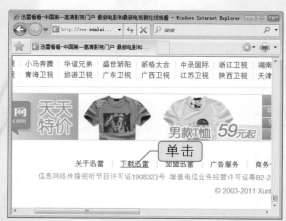

STEP 02 单击"立即下载"按钮。

STEP 03 弹出文件下载提示窗口，单击"保存"按钮。

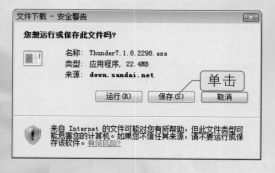

STEP 04 选择软件的保存位置，单击"保存"按钮。

STEP 05 下载完成后，单击"运行"按钮。

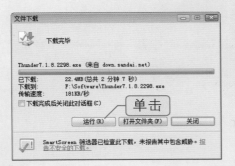

单击

STEP 06 弹出安装迅雷的欢迎界面，阅读许可协议内容，单击"接受"按钮。

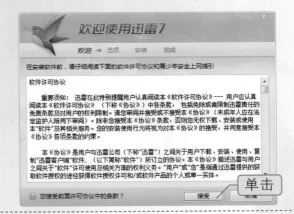

单击

STEP 07 选择迅雷的安装位置，以及选择是否要添加桌面快捷方式等，设置完成后单击"下一步"按钮开始进行安装。

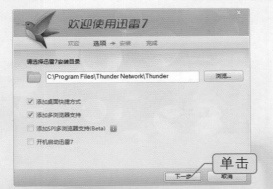

单击

STEP 08 安装完成后，单击"完成"按钮结束安装。

单击

2　使用迅雷下载WinRAR软件

　　安装完迅雷软件之后，下面以下载WinRAR软件为例介绍如何使用迅雷下载文件，具体的操作步骤如下。

STEP 01 打开天空软件站（www.skycn.com）的主页，在软件搜索框中输入"winrar"，然后单击"软件搜索"按钮。

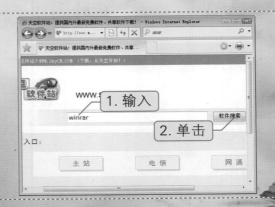

1. 输入

2. 单击

STEP 02 在搜索出的结果列表中单击要下载的软件标题链接。

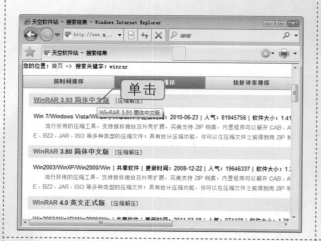

STEP 03 选择离自己最近的服务器名称，然后单击鼠标右键，在弹出的快捷菜单中选择"使用迅雷下载"选项。

STEP 04 弹出迅雷下载对话框，设置文件的保存位置，然后单击"立即下载"按钮开始启动迅雷下载。

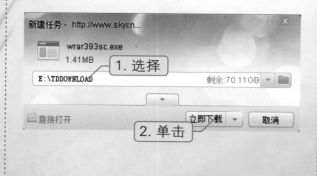

STEP 05 使用迅雷下载完成后，在"已完成"类别下查看下载后的WinRAR软件。

任务目标 8 使用FlashGet下载360安全卫士

FlashGet，中文名称为快车（www.flashget.com），是一款多线程及续传下载的软件。FlashGet最大的便利之处在于它可以监视浏览器中的每个点击动作，一旦它判断出用户的点击符合下载要求，它便会自动将此链接添加至下载任务列表中。

任务精讲

1 │ 下载360安全卫士

下面以下载360安全卫士为例介绍如何使用FlashGet下载文件，具体的操作步骤如下。

STEP 01 打开360安全卫士（www.360. cn）的主页，使用鼠标右键单击"下载离线安装包"链接，在弹出的快捷菜单中选择"使用快车3下载"选项。

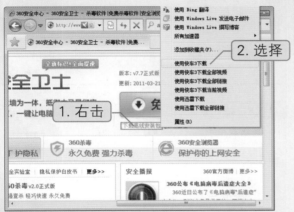

STEP 02 弹出FlashGet的"新建任务"对话框，设置文件的保存位置，单击"立即下载"按钮。

STEP 03 正在下载"360安全卫士"软件，在下载的时候，可以看到下载的进度和下载的速度，以及下载完成的剩余时间。

STEP 04 下载完成后，在"完成下载"类别下可以查看到下载完成后的"360安全卫士"软件。

2 │ 安装360安全卫士

使用FlashGet下载完"360安全卫士"之后，可以直接在FlashGet中双击"360安全卫士"的名称来进行安装,也可以在下载的保存位置里启动"360安全卫士"的客户端进行安装,具体的操作步骤如下。

STEP 01 找到"360安全卫士"客户端的保存位置,双击安装图标。

STEP 02 弹出安装向导对话框,单击"下一步"按钮。

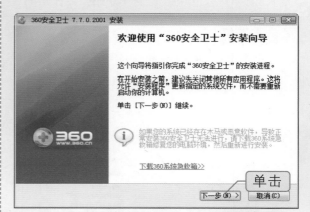

STEP 03 阅读授权协议,单击"我接受"按钮。

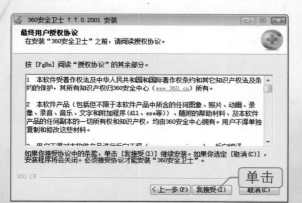

STEP 04 选择文件要保存的路径,默认保存在C盘下,单击"安装"按钮开始进行安装。

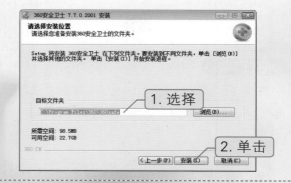

STEP 05 安装完成后,单击"完成"按钮结束安装。

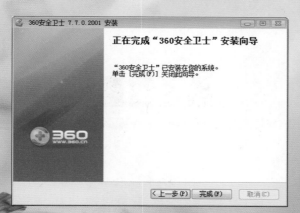

STEP 06 安装完成后,双击任务栏的"360安全卫士"图标,即可启动"360安全卫士"软件。

互动练习

根据下面的步骤提示，动手在百度和谷歌上进行趣味搜索。

STEP 01 打开百度主页输入关键词"人民币对美元汇率"，然后单击"百度一下"按钮。

STEP 02 在搜索结果的顶端可以查看到当前人民币对美元的汇率。

STEP 03 在百度搜索框输入"地球到太阳的距离"，然后单击"百度一下"按钮，在搜索结果中可以查看到地球到太阳的距离。

STEP 04 在百度搜索框中输入要下载的软件名称，如"360安全卫士"，然后单击"百度一下"按钮，可以直接在百度上下载软件。

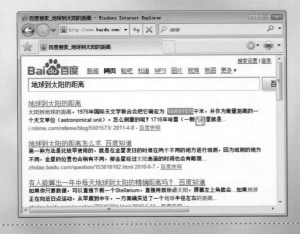

STEP 05 打开谷歌主页，输入要计算的数学公式，然后单击"Google搜索"按钮。

STEP 06 在搜索结果中可以直接查看到计算的结果数值。

STEP 07 打开谷歌主页，输入文件类型逻辑词"filetype:doc"加任意文字，然后单击"Google搜索"按钮。

STEP 08 搜索出的结果全都是文件类型为doc的办公文档。

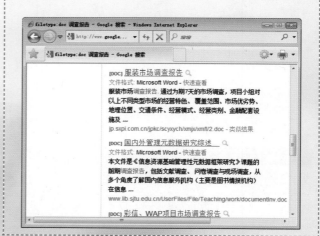

Chapter
Four

第4章

网上看新闻和学习

■ 任务播报

❖ 网上看新闻
- ❶ 网络新闻的有哪些特点
- ❷ 在哪些网站上看新闻
- ❸ 搜索当日新闻
- ❹ 在电脑桌面上看新闻

❖ 网上看报纸
- ❶ 查询提供看报纸服务的网站
- ❷ 打开报纸页面阅读报纸

❖ 网上学习
- ❶ 网上学电脑 ❷ 网上学英语 ❸ 网上学书画

■ 任务达标

❖ 学会在网上看新闻
❖ 学会在网上看报纸
❖ 学会在网上学习

任务目标 1　网上看新闻

网络新闻内容丰富、形态多样、传播速度十分迅捷，我们可以及时了解最近发生的新闻，知晓天下大事，关心国计民生，使自己随时与社会保持密切联系，与时代保持零距离接触，减少和避免中老年忧郁情绪，虽然人老了，但是心态依然年轻。

➡ 任务精讲

1　网络新闻有哪些特点

　　随着互联网等新媒体技术在中国日渐普及，有关网络传播的新技术在人们日常生活中的作用越来越重要。网络媒体被称为继报刊、广播、电视之后的"第四媒体"，它的出现给传播领域带来全方位的深刻变革，成为人们关注的焦点。当今越来越多的人依赖互联网获取各种信息，网络传播正逐步渗透到社会生活的各个方面，对社会生活产生广泛而深刻的影响。

　　网络媒体以其数字技术的优势，开始和传统的广播、电视、报纸、杂志、书籍等多种大众媒介竞争和相互补充。过去，人们只是被动地接收信息，尽管有选择信息的自由性，但却无法主动传播个人信息。而现在，网络上的任何一个用户都可以成为信息的发布者。在互联网上，信息的发布或接受已变得模糊。网络媒体改变了传统媒体对人们影响的方式，同时也向传统媒体发起了挑战。

　　网络媒体新闻主要有以下几个特点。

　　1．跨越空间限制。早在上世纪60年代，加拿大著名的传播学家麦克卢汉就预言：通过电子传播媒介的整合，地球将逐渐"部族化"，世界将变成一个村落。几十年后，这一预言应验了。现在的人们，无论身在何处，通过一部电脑、一条网线就能遍访全球，与世界各种机构、各种人发生联系，未来几年，无线上网技术将迅速发展。

　　2．传播速度快。以报刊出版为例，要经过采编、排版、印刷、发行等诸多过程才能与读者见面，广播和电视在一个时间段只能播放同一个节目，也就是必须同时占据一定的时间和空间，而网络新闻通过数字传播，在网站上发布新闻，可以最大限度地缩短新闻从媒体到受众的时间。以目前最大的门户网站新浪为例，其新闻的实时刷新可以做到信息瞬间到达。

　　3．容量巨大，信息丰富。数字压缩和存储技术已经引发一场数字革命。一个网站的容量应是一份报刊、一座电台、电视台信息的数倍。报纸一个版面充其量可容下1万汉

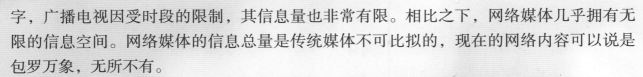

字，广播电视因受时段的限制，其信息量也非常有限。相比之下，网络媒体几乎拥有无限的信息空间。网络媒体的信息总量是传统媒体不可比拟的，现在的网络内容可以说是包罗万象，无所不有。

4．查询方便。由于采用先进的压缩搜索引擎技术，不仅极大地拓宽了数字空间，而且进一步提高了数字空间的利用效率。在网络上拥有着无数巨大的信息数据库，加之各种搜索引擎的推出，受众可以通过网络进行浏览和查阅。网络新闻媒体不仅提供大量的新闻，而且把新闻内容进行分类整理，使受众可以通过多种方式查询自己需要的信息，这样的查询简易快捷。

5．复制便捷。要复制传统媒体上的信息，无论是复印文章，还是复制磁带、录像带，都费时费力，操作麻烦，效果不好并且要耗费大量的有形资源。网络媒体的信息则可以直接存储在用户的硬盘、光盘等介质上。

6．超文本链接。传统媒体所提供的新闻和信息都是封闭的，受众只能跟随传播者了解意图，被动地接受媒体传出的信息。在网络媒体中，受众可以对感兴趣的信息进行追踪。受众只要轻点鼠标，便可以从一篇文章跳转到另一篇文章，从一个网站转向另一个网站，无限拓宽信息范围和空间。

2 在哪些网站上看新闻

可以看新闻的网站有很多，下面介绍几个可以看新闻的门户网站，这几个网站的新闻更新得很及时，新闻量也很大。

❖ 新浪网（www.sina.com.cn）为全球用户24小时提供全面及时的中文资讯，内容覆盖国内外突发新闻事件、体坛赛事、娱乐时尚、产业资讯、实用信息等。

❖ 网易（www.163.com）是中国领先的互联网技术公司，为用户提供免费邮箱、游戏、搜索引擎服务、开设新闻、娱乐、体育等30多个内容频道。

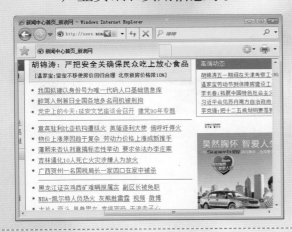

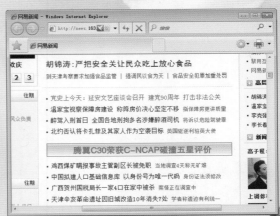

❖ 中华网（www.china.com）是中国最大的对外宣传网站，提供有中文和英文两种网页界面。

❖ 腾讯网（www.qq.com）是中国浏览量最大的中文门户网站，是腾讯公司推出的集新闻信息、互动社区、娱乐产品和基础服务为一体的大型综合门户网站。

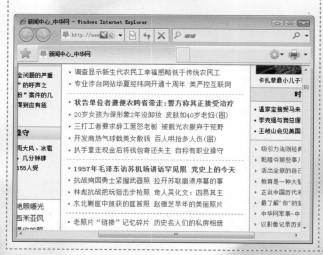

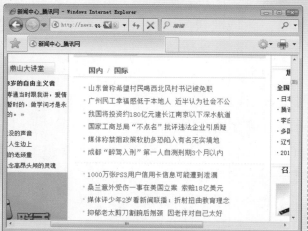

3 搜索当日新闻

下面介绍一下如何使用百度搜索当日新闻，具体的操作步骤如下。

STEP 01 打开百度主页，单击"新闻"链接。

STEP 02 切换到新闻搜索界面后，输入要搜索的新闻关键词，选择搜索类型，然后单击"百度一下"按钮。

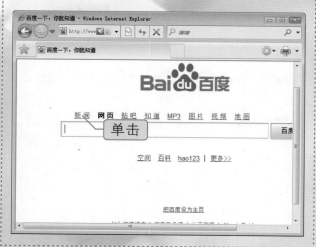

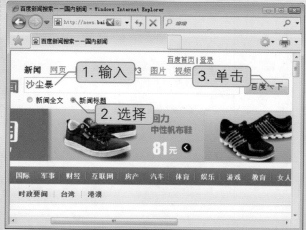

STEP 03 搜索出的新闻结果会按时间顺序进行排列，排在最上面的是最新的新闻，单击新闻标题链接查看新闻正文。

STEP 04 在弹出的新页面中阅读新闻正文。

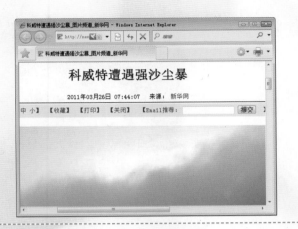

4 在电脑桌面上看新闻

除了可以在网页中看新闻外，使用Windows 7的用户还可以直接在电脑桌面的侧边栏上看新闻，具体的操作步骤如下。

STEP 01 在桌面的空白处单击鼠标右键，在弹出的快捷菜单中选择"小工具"选项。

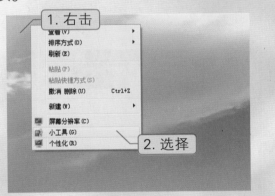

STEP 02 弹出"添加小工具"对话框，选中"源标题"应用，然后单击鼠标右键，选择"添加"选项。

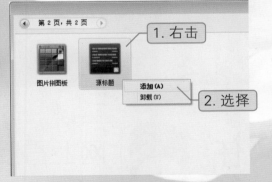

STEP 03 "源标题"应用添加到了侧边栏中，单击"较大尺寸"按钮，可以以较大的尺寸显示。

STEP 04 单击"选项"按钮，设置标题选项。

STEP 05 弹出"源标题"对话框，选择要显示的源，选择要显示的标题数量，然后单击"确定"按钮。

STEP 06 在侧边栏的标题显示栏中单击新闻标题名称，即可弹出网页显示新闻的正文。

STEP 07 在弹出的网页中阅读新闻正文。

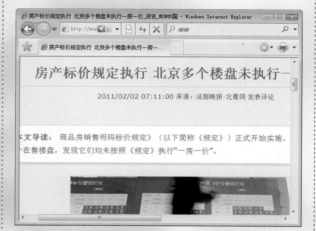

任务目标 2 网上看报纸

很多中老年人可能都有订阅报纸的习惯，其实几乎所有的报纸都可以在网上同步阅读，并且报纸的样式跟实物的报纸一模一样。在网上看报纸除了省钱外，手指上再也不会沾染脏乎乎的油墨了。

➡️ 任务精讲

1 查询提供看报纸服务的网站

如果不知道在哪些网站上看报纸，可以通过搜索引擎来模糊搜索。如果知道报纸的名称，可以在报纸名称后加上文字"电子版"进行搜索，具体的操作步骤如下。

STEP 01 打开百度主页，输入模糊搜索的关键词"在线看报"，单击"百度一下"按钮。

STEP 02 查看搜索结果，通过阅读每条搜索结果的简介筛选出符合要求的结果。然后单击可以在线看报的标题链接，例如单击"AB报"链接。

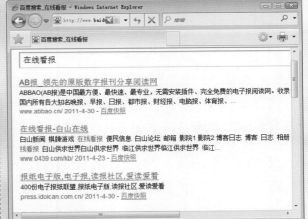

STEP 03 打开"AB报"主页，在这个网站上可以阅读国内数百种报纸。

STEP 04 在百度搜索结果中单击其他的标题链接，例如"在线读报"网，可以阅读很多大学的校报。

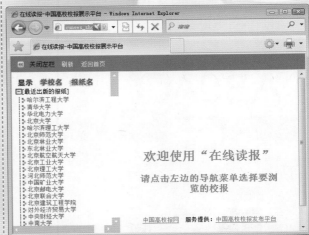

STEP 05 如果知道报纸的名称，可以进行精确的搜索。返回到百度首页，输入关键词"报纸的名称+电子版"，例如输入"人民日报电子版"，单击"百度一下"按钮。

STEP 06 在搜索结果中可以看到第一条就是人民日报的电子版主页。

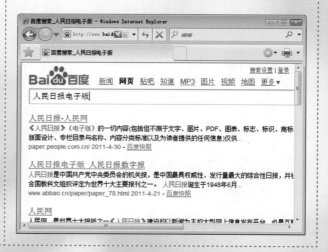

---

2 | 打开报纸页面阅读报纸

下面以"AB报"网站（www.abbao.cn）为例介绍如何在线阅读报纸，具体的操作步骤如下。

STEP 01 打开"AB报"的首页，将鼠标指向"各地报纸"选项卡，然后单击要阅读报纸所在的地区，例如单击"安徽"链接。

STEP 02 在弹出的页面中显示的都是安徽省的报纸，例如选择阅读"新安晚报"，然后单击下面的"立即阅读"按钮。

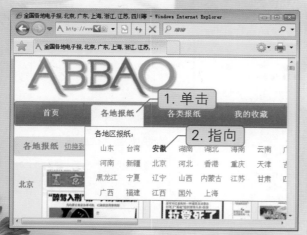

STEP 03 在跳转到的页面中继续单击
"立即阅读"按钮。

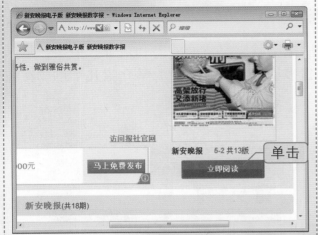

STEP 04 单击选择要阅读的版面,例
如单击"第A02版"链接。

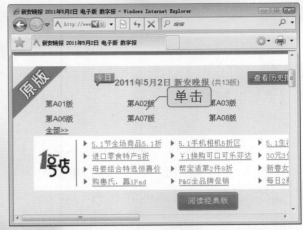

STEP 05 在弹出的页面中阅读新安晚
报当天第A02版的内容。

STEP 06 单击页面顶端的"下一版"
链接,可以阅读报纸的下一版。

任务目标 3 网上学习

随着社会的进步,信息技术的发展,网络时代已悄然来临。网络学
习也受到了人们的重视,而且慢慢地变成一种趋势。网络学习打破
了传统教育模式的时间和空间条件的限制,是传统学校教育功能的
延伸,可以使教学资源得到充分利用。

➔ 任务精讲

1 | 网上学电脑

一些中老年人所住的地方比较落后，书店里电脑学习方面的书刊很少，给学习带来了不便。而在网上，各类电脑方面的在线教程多如牛毛，下面给大学介绍几个可以在线学习电脑的网站。

天天学电脑网（www.ttxdn.com）

天天学电脑网是一个针对初学者学习电脑的网站，该网站的在线教程包括"学硬件"、"学系统"、"学软件"及"学上网"等几大块。

21视频教程网（www.21shipin.cn）

21视频教程网是一位从事IT教育工作5年之久的教育工作者开发制作的IT视频教程门户网站。21视频教程网所讲的教程包括"办公自动化"、"网页制作"、"平面设计"、"动画制作"、"数据库开发"及"程序设计"等几大块。

2 | 网上学英语

旺旺英语（www.wwenglish.com）

旺旺英语是中国著名英语学习网站，拥有中国发行量最大的英语学习电子报和中国著名的英语学习论坛，提供大量的免费英语资料下载和学习。

爱词霸（www.iciba.com）

爱词霸为广大英语学习爱好者提供金山词霸、在线词典、在线翻译、英语学习资料、英语歌曲、英语真题在线测试、汉语查词等服务。

在线英语听力室（www.tingroom.com）

在线英语听力室是国内专业的在线英语听力网站。网站涵盖大量英语学习资料，包括品牌英语教程、英语资料下载、英语动画、英语歌曲、英文阅读、英语课本教材、在线英语词典、英语考试、英语电台。网站简洁大方，使用方便并且所有资料均免费提供给用户。

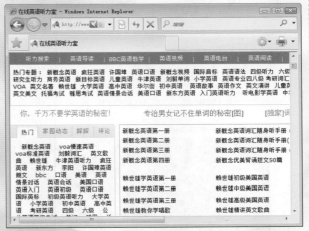

网易公开课（http://v.163.com/open）

网易公开课是网易视频推出的国外名校公开课，大部分都配有中文字幕，用户可以在线免费观看来自于哈佛大学等世界级名校的公开课课程，内容涵盖人文、社会、艺术、金融等领域。在学习知识的同时，也能提高自己的英语听力水平。

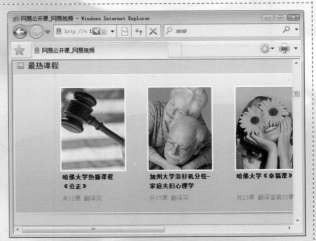

3　网上学书画

可以在网上学书画的网站有很多，下面以东方书画网（www.dfshw.com）为例介绍如何在网上学习书画和鉴赏书画名作，具体的操作步骤如下。

STEP 01 打开东方书画网的主页，然后单击"书画视频"选项卡。

STEP 02 在弹出的新页面中可以看到视频教程的标题，单击要学习的书画教程标题。

STEP 03 单击页面中的视频播放按钮，开始播放书画教程。

STEP 04 在观看视频教程的时候，可以通过拖曳播放滑块来选择播放的位置。

STEP 05 返回到首页，单击"名作欣赏"选项卡。

STEP 06 在弹出的新页面中可以查看到名作书画的标题，单击标题链接，即可看到画作的图片。

STEP 07 欣赏名作书画，欣赏完后单击右上角的"关闭"按钮，即可关闭浏览器窗口。

互动练习

根据下面的步骤提示，自己动手使用"有道阅读"来订阅自己感兴趣的新闻。

STEP 01 打开一个IE窗口，输入有道阅读的网址"http://reader.youdao.com"，敲击回车键，打开网页后，单击"马上试用"按钮。

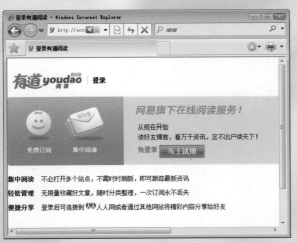

STEP 02 选择感兴趣的网站，单击标题下方的"订阅"按钮订阅网站的资讯，可以订阅多个网站。

STEP 03 单击页面左上角的"有道阅读"图片进入阅读界面，单击"我的订阅"下方的网站标题即可在右侧显示此网站的资讯内容。

STEP 04 在右侧的正文窗格中阅读资讯内容，网站标题后括号内的数字表示未读的资讯条数。

第5章

网上听音乐和看电影

■ **任务播报**

❖ 网上听音乐
① 直接在网页中听音乐 ② 在百度MP3中听音乐

❖ 使用酷狗软件听音乐
① 下载并安装酷狗软件 ② 使用酷狗试听音乐上网
③ 将好听的音乐下载到自己的电脑中
④ 使用酷狗听本地硬盘中的音乐

❖ 在优酷网观看电视剧
① 查找并观看电视剧
② 注册优酷网会员评论电视剧
③ 下载优酷网上的电视剧

❖ 在线观看电视直播
① 安装网络电视客户端
② 观看电视直播 ③ 点播电视节目

■ **任务达标**

❖ 学会如何使用酷狗软件下载音乐
❖ 学会如何在优酷网观看电视剧
❖ 学会如何在线观看电视直播

网上听音乐

网上的音乐资源有很多，流行、古典、乡村、民歌，只要想听都找得到。配上好的音响、高品质的免费音乐一样可以让中老年网民得到最佳的听觉享受。

➔ 任务精讲

1 直接在网页中听音乐

使用电脑在线听音乐，主要有两种方式，一种是直接在网页上试听，另一种是使用专门的音乐软件来听。首先介绍一下如何直接在网页中听音乐，具体的操作步骤如下。

STEP 01 打开百度主页，在搜索框中输入关键词"听音乐"或是"音乐试听"，然后单击"百度一下"按钮。

STEP 02 搜索出结果后，根据标题辨别哪些是音乐试听网站，例如搜索结果中的"九酷音乐网"就是一个音乐试听网站，单击标题链接。

STEP 03 打开九酷音乐网后，勾选想要试听的音乐，然后单击"加入播放"按钮。

STEP 04 正在试听歌曲，在试听的时候，可以调整声音的大小，或者暂停播放，以及选择播放列表中的其他歌曲。

2　在百度MP3中听音乐

使用百度的MP3搜索功能可以搜索到很多音乐，并且可以直接在百度上进行试听，具体的操作步骤如下。

STEP 01 打开百度主页，然后单击"MP3"链接。

STEP 02 切换到MP3搜索界面后，输入要搜索的音乐名称，单击"百度一下"按钮。

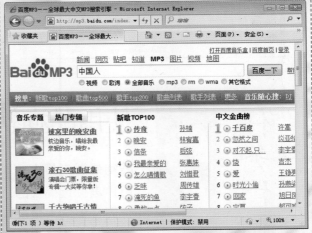

STEP 03 查看搜索出的音乐，单击搜索结果中音乐名称后面的"试听"按钮。

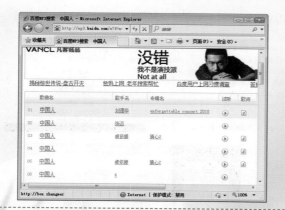

STEP 04 在弹出的新网页中开始播放要试听的歌曲，在试听的时候，会显示歌曲的歌词。

STEP 05 如果只想搜索歌词，而不想听音乐，则可以在搜索歌曲的时候，选中"歌词"单选项，然后单击"百度一下"按钮。

STEP 06 在跳转到的搜索结果页面中可以看到其中显示的都是歌词。

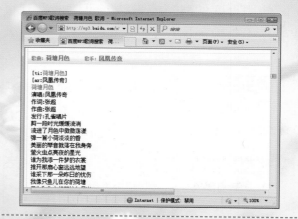

使用酷狗软件听音乐

任务目标 **2**

酷狗是国内最大的P2P音乐共享软件，它提供在线试听功能，方便用户进行选择性的下载，减少下载不喜欢的歌曲。酷狗的娱乐主页每天会提供大量最新的娱乐资讯，让中老年用户轻松掌握最前卫的流行动态，保持自己的年轻心态。

→ 任务精讲

1 ｜ 下载并安装酷狗软件

下面介绍如何下载和安装酷狗软件，具体的操作步骤如下。

STEP 01 打开酷狗音乐的主页（www.kugou.com），然后单击右侧的"立即下载"按钮。

STEP 02 弹出"文 件 下 载 − 安 全 警告"对话框，单击"保存"按钮。

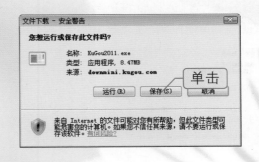

STEP 03 选择文件要保存的位置，然后单击"保存"按钮。

STEP 04 下载完成后，单击"运行"按钮启动安装向导。

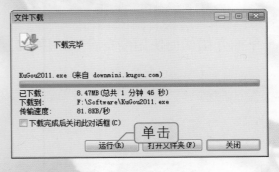

STEP 05 弹出安装向导对话框，单击"下一步"按钮。

STEP 06 阅读许可协议，然后单击"下一步"按钮。

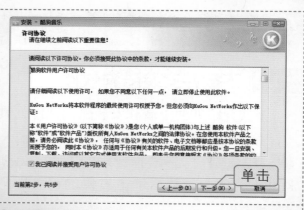

STEP 07 选择软件的安装位置，默认保存在C盘，单击"安装"按钮开始进行安装。

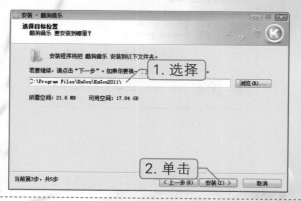

STEP 08 安装完成之后，单击"完成"按钮结束安装。

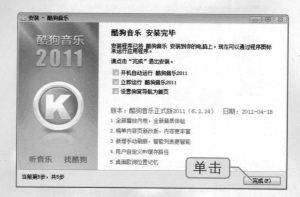

2 | 使用酷狗听音乐

下面介绍如何使用酷狗音乐软件在线听音乐，具体的操作步骤如下。

STEP 01 打开酷狗软件，单击右侧的"歌手"选项卡。

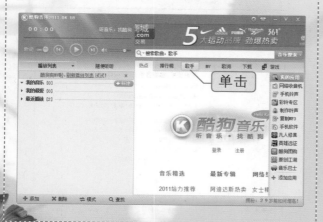

STEP 02 根据字母排序，找到自己喜欢的歌手姓名，例如要听刘德华的歌曲，可以单击"刘德华"链接。

STEP 03 窗口中显示搜索出的所有刘德华的歌曲，选中要试听的歌曲名称，然后单击右侧的"试听"按钮。

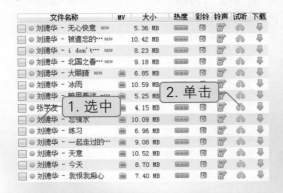

STEP 04 正在试听选中的歌曲，在试听的时候，可以选择开启或关闭歌词、调整音量及暂停播放。

STEP 05 除了可以按歌手姓名查找歌曲外，还可以直接在软件右侧的搜索框中输入要搜索的歌曲名称，单击"音乐搜索"按钮来搜索歌曲。

STEP 06 查看搜索出的歌曲名称，选中要试听的歌曲名称，然后单击右侧的"试听"按钮即可开始进行试听。

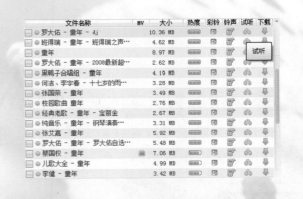

3　将好听的音乐下载到自己的电脑中

使用酷狗还可以将好听的音乐下载到自己的电脑中，具体的操作步骤如下。

STEP 01 在酷狗软件的搜索框中输入要下载的歌曲名称，单击"音乐搜索"按钮，搜索出结果后，单击要下载歌曲名称后面的"下载"按钮。

STEP 02 在下载的时候，可以单击 "试听" 按钮，一边下载，一边试听。

STEP 03 单击 "下载" 选项卡，在 "正在下载" 类别下可以查看到下载进度。

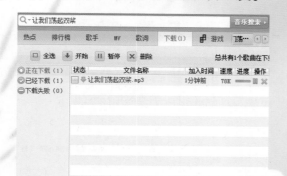

STEP 04 下载完成后，在 "已经下载" 类别下可以查看下载后的歌曲。

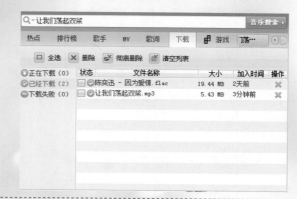

4 使用酷狗听本地硬盘中的音乐

使用酷狗除了可以在线听音乐外，还可以播放本地硬盘中的音乐，播放本地硬盘中的音乐的具体操作步骤如下。

STEP 01 在酷狗主界面上单击 "添加" 按钮，在弹出的快捷菜单中选择 "添加本地歌曲" 选项。

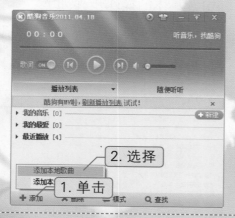

STEP 02 弹出 "打开" 对话框，选择要听的本地歌曲，可以同时选中多首歌曲，选择完成后单击 "打开" 按钮。

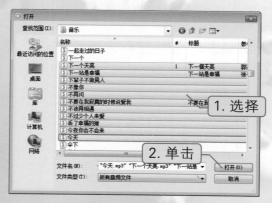

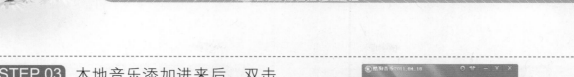
STEP 03 本地音乐添加进来后，双击播放列表中的音乐名称即可开始播放。

小提示

在使用酷狗软件听本地音乐时，可以将整个包含音乐的文件夹添加进来。

任务目标 3 在优酷网观看电视剧

优酷网是国内领先的视频分享网站，是中国网络视频行业的第一品牌。优酷网以"快者为王"为产品理念，注重用户体验，不断完善服务策略，其卓尔不群的"快速播放、快速发布、快速搜索"的产品特性，充分满足用户日益增长的多元化互动需求，使之成为中国视频网站中的领军势力。

⊙ 任务精讲

1 ▍查找并观看电视剧

在优酷网上有大量的电视剧和电影，通过简单的搜索，即可观看到自己想看的电视剧。在优酷网上查找和观看电视剧的具体操作步骤如下。

STEP 01 打开优酷网主页（www.youku.com），在搜索框中输入要观看的电视剧名称，然后单击"搜索"按钮。

STEP 02 在搜索结果中单击要观看的集数，或是单击集数的缩略图片进行播放。

STEP 03 开始播放电视剧，在播放的时候，可以对视频进行一些设置，单击视频右下方的"设置"按钮。

STEP 04 弹出"设置"对话框，在"画面"选项卡中可以设置对比度、亮度以及饱和度。

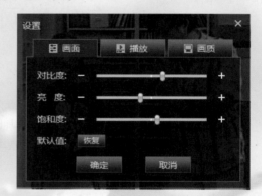

STEP 05 单击"播放"选项卡，可以设置是否要自动连播，以及播放时是否跳过片头和片尾。

STEP 06 单击"画质"选项卡，可以选择画质的清晰度，设置完成后，单击"确定"按钮即可。

2 注册优酷网会员评论电视剧

在优酷网上观看电视剧的时候，可以查看到其他用户的评论。只要注册一个优酷网的会员账号，中老年用户也可以在优酷网上评论电视剧。

STEP 01 在优酷网首页上单击"免费注册"按钮。

STEP 02 填写注册信息，然后单击"注册"按钮。

STEP 03 注册成功，单击"立即查看邮箱"按钮登录注册时填写的邮箱，然后单击邮件中的链接验证账号。

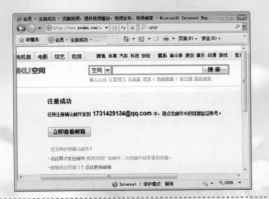

STEP 04 账号验证成功后，会直接进入优酷的个人空间。在个人空间中可以查看留言和收藏喜欢的视频。

STEP 05 登录优酷账号后，在观看电视剧时就可以在视频下方的评论框中输入评论内容，单击"发表评论"按钮发表自己的见解。

STEP 06 评论发表成功后，即可在评论列表中查看到自己的评论。

3 下载优酷网上的电视剧

有些中老年用户的网络带宽太小，在线观看电视剧时很卡，无法流畅地播放，可以将优酷网上的电视剧下载到本地硬盘进行播放，下载优酷网上的电视剧的具体操作步骤如下。

STEP 01 打开优酷网首页，单击页面底端的"IKU爱酷"链接。

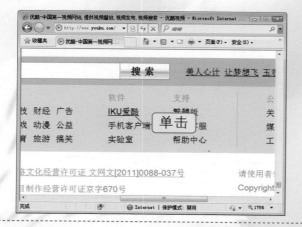

STEP 02 弹出下载"爱酷"软件的页面，单击"下载安装2.1版"按钮。

STEP 03 弹出"文件下载-安全警告"对话框，单击"保存"按钮。

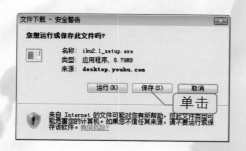

STEP 04 弹出"另存为"对话框，选择软件的保存位置，然后单击"保存"按钮。

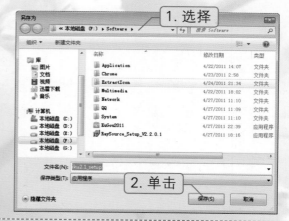

STEP 05 "爱酷"软件下载完成，单击"运行"按钮启动程序安装界面。

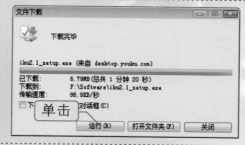

STEP 06 弹出"爱酷"软件的安装向导界面，单击"下一步"按钮。

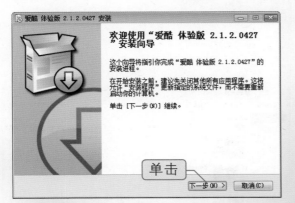

STEP 07 选择安装类型，默认的为典型安装类型，然后单击"下一步"按钮。

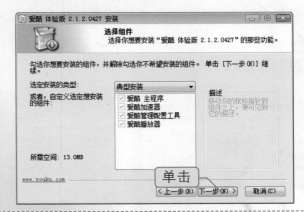

STEP 08 选择软件要保存的位置，默认的是保存在C盘，也可以保存在其他盘中，选择完成后单击"下一步"按钮。

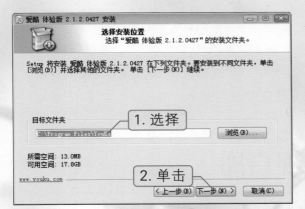

STEP 09 选择安装程序的附加任务，然后单击"安装"按钮开始进行安装。

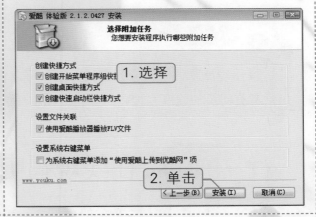

STEP 10 安装完成，勾选"运行爱酷2.1体验版"复选框和"运行爱酷加速器"复选框，然后单击"完成"按钮。

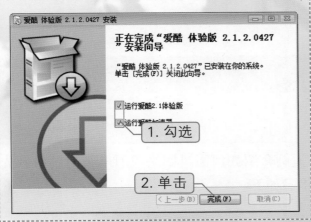

STEP 11 启动"爱酷"软件后，在搜索框中输入要下载电视剧的名称，然后敲击回车键，或者单击"搜索"按钮。

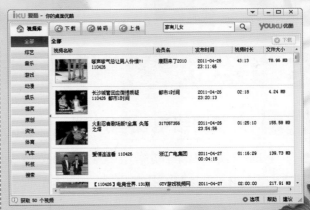

STEP 12 在搜索结果中选择要下载的电视剧集数，按下键盘上的"Ctrl"键，然后使用鼠标单击视频缩略图可以同时选中多集电视剧，选择完成后，单击"下载"按钮。

STEP 13 正在下载电视剧，下载完成后再进行播放就不会出现缓冲延迟的状况了。

小提示

使用爱酷软件下载电视剧的时候，可以设置同时下载的数量。在下载电视剧的时候，如果浏览网页的速度太慢，可以将爱酷软件的下载速度设置得小一些。

任务目标 4 在线观看电视直播

在网络时代，不需要电视机，也可以在线收看电视直播。如果某一个节目播出时正在忙别的事情，无法及时收看，是不是觉得很遗憾呢？而在网络上可以点播想看的节目，再也不用受电视台的播出时间限制了。

➔ 任务精讲

1 安装网络电视客户端

下面以使用中国网络电视台的CBox软件为例介绍如何通过网络收看电视节目，首先下载安装CBox网络电视客户端，具体的操作步骤如下。

STEP 01 打开中国网络电视台（www.cntv.cn）的首页，单击"CBox"链接。

STEP 02 进入到下载CBox网络电视客户端的页面，单击"立即下载"按钮。

STEP 03 弹出文件下载警告对话框，单击"保存"按钮。

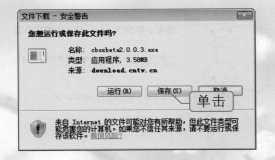

STEP 04 弹出"另存为"对话框，选择软件要保存的位置，单击"保存"按钮。

STEP 05 下载完成后，单击"运行"按钮开始进行安装。

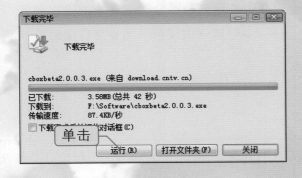

STEP 06 弹出安装向导对话框，单击"下一步"按钮。

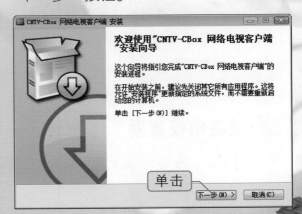

STEP 07 阅读许可证协议，勾选"我接受许可证协议中的条款"复选框，然后单击"下一步"按钮。

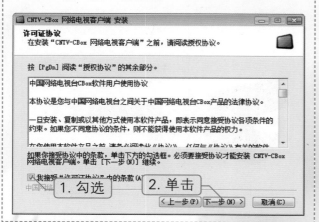

STEP 08 选择软件要安装位置，然后单击"安装"按钮开始进行安装。

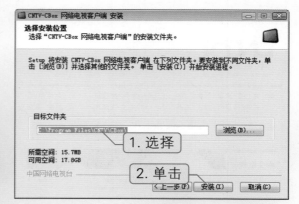

STEP 09 勾选要添加的快捷方式，单击"下一步"按钮。

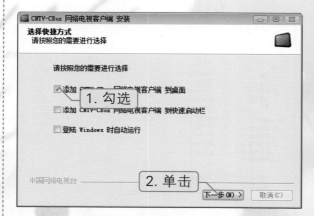

STEP 10 安装完成，单击"完成"按钮结束安装。

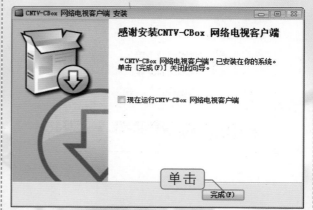

小提示

CBox是一款通过网络收看中央电视台及全国几十套地方电视台节目最权威的视频客户端。它的节目来源依托中国最大的网络电视台——中国网络电视台，海量节目随您看，直播、点播随您选。

2 观看电视直播

CBox网络电视客户端安装完成后，就可以使用它来收看电视直播了，具体的操作步骤如下。

STEP 01 双击桌面上的"CNTV-CBox 网络电视客户端"图标来启动它。

STEP 02 软件打开之后，选中要收看的频道，单击它的缩略图即可开始播放电视节目。

STEP 03 正在播放电视节目，在播放的时候可以暂停播放，或者停止播放。

3 点播电视节目

如果一些电视节目直播时没有收看到，可以通过CBox的点播功能来收看想看的电视节目，具体的操作步骤如下。

STEP 01 单击CBox软件右侧的"点播"选项卡。

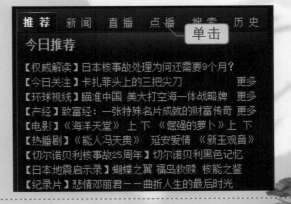

STEP 02 单击选择要点播的节目类别，例如要点播的节目属于"缩艺娱乐"，则单击"综艺娱乐"类别。

STEP 03 在"综艺娱乐"类别下单击选择要点播的电视节目，例如"电影报道每日精选"，然后在右侧单击"标清播放"按钮或者"高清播放"按钮。

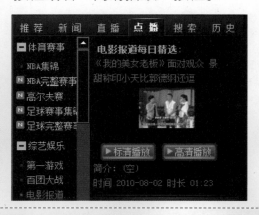

STEP 04 开始播放点播的电视节目。

STEP 05 除了通过类别来点播电视节目外，还可以通过搜索功能来搜索节目，或者搜索含有某位名星的电视节目。例如在搜索框中输入"韩红"，然后单击"搜索"按钮。

STEP 06 包含有"韩红"的电视节目都被搜索出来了，单击节目的缩略图即可开始播放节目。

STEP 07 正在播放节目，在播放时单击软件左侧的"直播电视墙"按钮可以选择收看其他电视频道的节目。

互动练习

按照下面的操作提示，自己动手下载PPS影音软件观看电影《山楂树之恋》。

STEP 01 打开PPS影音（www.ppstream.com）的主页，然后单击"PPS下载"按钮。

STEP 02 单击"立即免费下载"按钮，下载安装PPS影音软件。

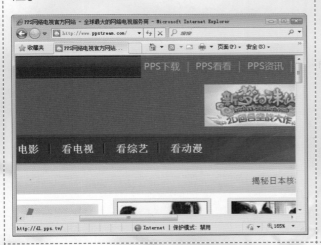

STEP 03 启动PPS影音软件，在搜索框中输入要观看的电影名称《山楂树之恋》，单击"搜索"按钮。

STEP 04 在搜索结果中，单击电影的名称。

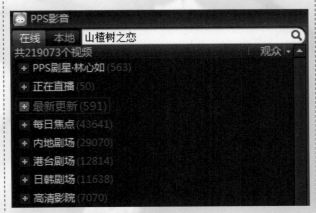

STEP 05 PPS影音开始播放电影《山楂树之恋》。

第6章

网上交友与聊天

■ 任务播报

❖ 使用QQ聊天
  ❶ 下载并安装QQ软件 ❷ 注册和登录QQ
  ❸ QQ设置 ❹ 查找并添加好友
  ❺ 与亲朋好友进行文字聊天
  ❻ 与亲朋好友进行语音视频聊天
  ❼ 传输文件 ❽ 管理好友 ❾ QQ群聊

❖ 使用飞信发送祝福信息
  ❶ 下载和安装 ❷ 注册和登录 ❸ 飞信设置
  ❹ 添加手机好友 ❺ 发送短信祝福
  ❻ 群发短信 ❼ 给自己发送短信

❖ 在人人网中交友
  ❶ 在人人网中粘贴自己的照片
  ❷ 在人人网中撰写日志 ❸ 在人人网中签写留言
  ❹ 和老朋友分享音乐和视频
  ❺ 找到老同学 ❻ 结识新朋友

■ 任务达标

❖ 学会使用QQ与好友进行聊天
❖ 学会使用飞信发送短信
❖ 学会在人人网中结识朋友

使用QQ聊天

腾讯QQ是国内使用人数最多的即时聊天软件，我们可以使用QQ和好友进行文字交流。还可以进行语音视频聊天，以及发送图片、传送文件等，功能非常全面。

➔ 任务精讲

1 下载并安装QQ软件

下面介绍如何下载和安装QQ软件，具体的操作步骤如下。

STEP 01 打开一个IE窗口，输入网址"http://im.qq.com"，敲击回车键打开QQ软件下载首页，单击页面右侧的"QQ2011 Beta2版（简体）"链接。

STEP 02 在跳转到的页面中单击"立即下载"按钮。

STEP 03 弹出文件下载安全警告对话框，单击"保存"按钮。

STEP 04 弹出"另存为"对话框，选择软件保存的位置，单击"保存"按钮开始进行下载。

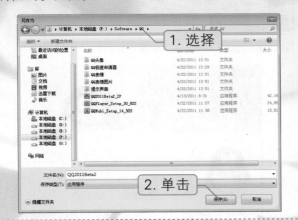

STEP 05 下载完成后，单击"运行"按钮。

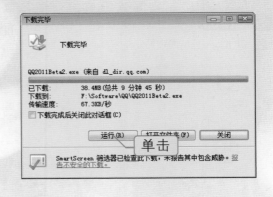

STEP 06 弹出"腾讯QQ2011 安装向导"对话框，阅读许可协议，勾选"我已阅读并同意……"复选框，然后单击"下一步"按钮。

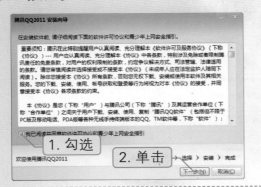

STEP 07 勾选要安装的自定义选项，以及勾选要生成的快捷方式选项，然后单击"下一步"按钮。

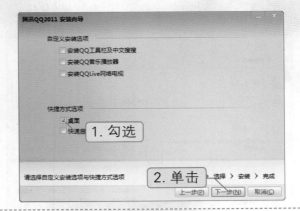

STEP 08 设置程序的安装目录，单击"安装"按钮开始进行安装。

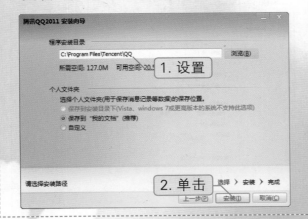

STEP 09 安装完成后，单击"完成"按钮结果安装。

2 注册和登录QQ

在使用QQ之前，需要注册一个QQ号码，注册QQ号码的具体操作步骤如下。

STEP 01 双击桌面上的"腾讯QQ"图标启动QQ。

STEP 02 弹出QQ2011的登录对话框，单击"注册账号"链接。

STEP 03 弹出注册QQ的页面，单击网页免费申请下面的"立即申请"按钮。

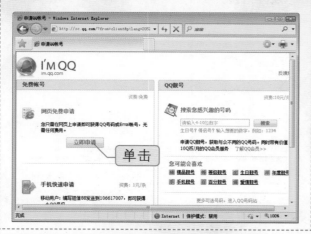

STEP 04 单击选择申请账号类型为"QQ号码"。

STEP 05 填写注册QQ的个人资料，单击"确定并同意以下条款"按钮。

STEP 06 QQ号码注册成功，拿笔记下申请的QQ号码和设置的密码，关闭浏览器窗口。

STEP 07 返回到QQ登录窗口，输入申请的QQ号码和密码，然后单击"安全登录"按钮。

STEP 08 QQ号码登录成功，这就是QQ的主界面。

3　QQ设置

首先介绍一下如何设置QQ的个人资料，具体的操作步骤如下。

STEP 01 在QQ主界面上单击个人头像。

STEP 02 弹出设置个人资料对话框，在"基本资料"选项里可以设置昵称、个人签名、年龄等信息。这里单击"更换头像"按钮。

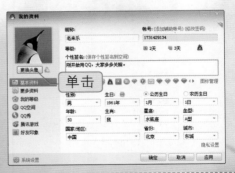

STEP 03 弹出"更换头像"对话框，单击"系统头像"选项卡，选择要设置的头像，然后单击"确定"按钮。

STEP 04 单击"更多资料"选项卡，在这里可以设置手机、电话、邮箱以及个人说明等资料。

STEP 05 单击"QQ秀"选项卡，在这里可以查看自己的QQ秀，如果没有QQ秀，可以单击"点击注册QQ秀"链接开通QQ秀。

STEP 06 单击"好友印象"选项卡，可以查看好友印象及设置好友印象权限。全部设置完成后单击"确定"按钮结束设置。

接下来再介绍一下QQ软件的系统设置，QQ软件的系统设置选项很多，这里只对主要的一些选项进行介绍，具体的操作方法如下。

STEP 01 单击QQ主界面下方的"系统设置"按钮。

STEP 02 弹出"系统设置"对话框，在"基本设置"的"常规"选项卡里可以设置启动和登录选项，以及对主面板进行设置。

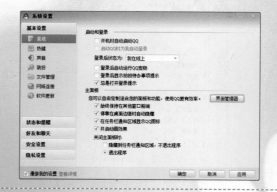

STEP 03 单击"热键"选项卡，在这里可以设置提取消息的热键、打开消息盒子的热键等。

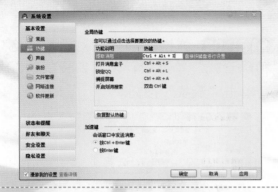

STEP 04 单击"状态和提醒"下的"自动回复"选项卡，在这里可以设置自动回复的内容。

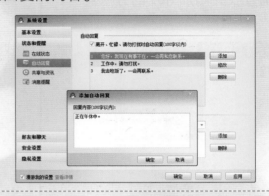

STEP 05 单击"共享与资讯"选项卡，可以设置向好友展示哪些信息。

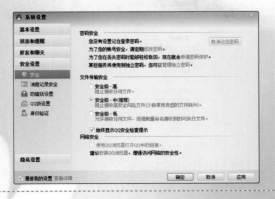

STEP 06 单击"好友和聊天"下的"常规"选项卡，在这里可以对聊天窗口和好友信息展示及录制动画的尺寸进行设置。

STEP 07 单击"安全设置"下的"安全"选项卡，在这里可以修改密码及申请密码保护，还可以设置文件传输的安全等级。

STEP 08 单击"安全设置"下的"身份验证"选项卡，在这里可以设置别人添加您为好友时的验证方式。全部设置完成后单击"确定"按钮结束设置即可。

4 | 查找并添加好友

查找和添加好友有两种方式，一种是精确查找，另一种是按条件查找。首先来介绍精确查找并添加好友的方法。

STEP 01 单击QQ主界面上的"查找"按钮。

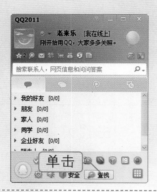

STEP 02 弹出添加好友对话框，选中"精确查找"单选项，输入要查找的QQ号码，单击"查找"按钮。

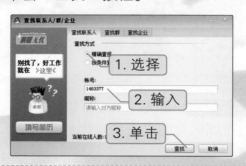

STEP 03 搜索出结果后，单击选中查找到的用户，单击"添加好友"按钮。

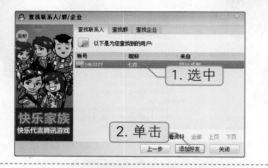

STEP 04 弹出"添加好友"对话框，单击"确定"按钮。

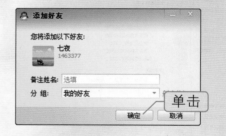

STEP 05 添加成功，单击"完成"按钮。

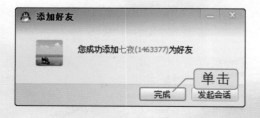

STEP 06 好友添加成功后，在QQ主界面的好友列表中可以查看添加的好友。

接下来再介绍一下怎样按条件来查找好友，具体的操作步骤如下。

STEP 01 在添加好友对话框中选择"按条件查找"单选项，设置要查找的条件，单击"查找"按钮。

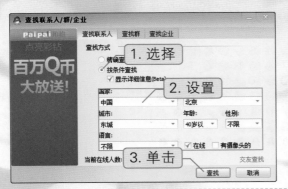

STEP 02 选中要添加的好友，单击右侧的"加为好友"链接。

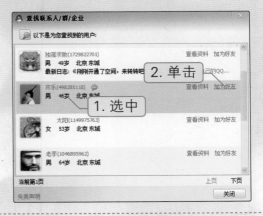

STEP 03 弹出"添加好友"对话框，单击"确定"按钮。

STEP 04 好友添加成功，单击"完成"按钮。

5　与亲朋好友进行文字聊天

下面介绍如何使用QQ与亲朋好友进行文字聊天，具体的操作步骤如下。

STEP 01 在QQ主界面上双击要聊天的好友头像。

STEP 02 弹出聊天对话框，输入文字内容，单击"发送"按钮。

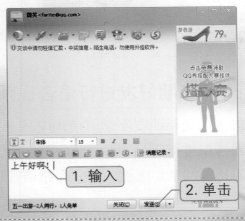

STEP 03 消息发送给对方后，收到对方回复的消息。

STEP 04 在聊天窗口中可以向好友发送表情，单击"表情"按钮，选择要发送的表情。

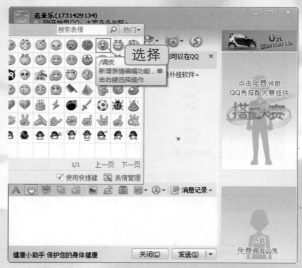

STEP 05 单击"发送"按钮将表情发送给对方。单击"消息记录"按钮。

STEP 06 这时在聊天窗口的右侧会显示聊天的消息记录。

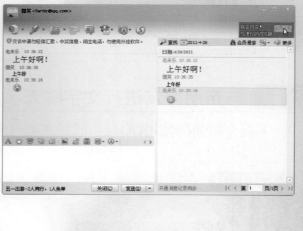

6 与亲朋好友进行语音视频聊天

很多中老年朋友刚学习使用电脑，可能不太会打字。使用QQ除了可以进行文字聊天外，还可以进行语音视频聊天。通过QQ与好友进行语音和视频聊天，能够让大家有一种天涯若比邻的亲切之感，首先介绍语音聊天的操作方法。

STEP 01 双击要进行语音聊天的好友头像，打开聊天窗口，单击"语音聊天"按钮右侧的下拉按钮，在弹出的快捷菜单中选择"开始语音会话"选项。

STEP 02 向好友发送语音聊天申请，对方接受申请后即可开始进行语音聊天，聊天的时候，需要在电脑上插上耳机。

使用QQ进行视频聊天的操作方法与语音聊天的操作方法相似，具体的操作步骤如下。

STEP 01 在聊天窗口中单击"视频会话"按钮右侧的下拉按钮，在弹出的快捷菜单中选择"开始视频会话"选项。

STEP 02 向对方发送视频聊天申请，等待对方接受后，即可开始进行视频聊天，在视频聊天的同时也可以进行语音通话。

7 传输文件

利用QQ还可以给好友传送文件，这极大地方便了网络中文件的传递。使用QQ传输文件有4种方法，分别是传送普通单个文件、传送文件夹、传送离线文件及使用QQ邮箱发送超大邮件。首先来看如何传送普通单个文件，具体的操作步骤如下。

STEP 01 在聊天窗口中单击"发送文件"按钮右侧的下拉按钮,在弹出的快捷菜单中选择"发送文件"选项。

STEP 02 弹出"打开"对话框,单击选择要发送的文件,单击"打开"按钮。

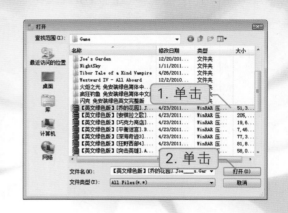

STEP 03 向对方发送文件请求,对方接受请求后即可开始传送文件。

STEP 04 文件传送成功,聊天窗口中会显示提示信息。

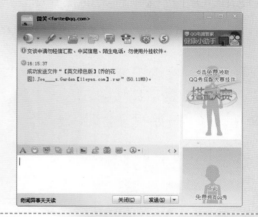

下面介绍如何传送文件夹,具体的操作步骤如下。

STEP 01 在聊天窗口中单击"发送文件"按钮右侧的下拉按钮,在弹出的快捷菜单中选择"发送文件夹"选项。

STEP 02 在弹出的"浏览文件夹"对话框中选择要发送的文件夹,然后单击"确定"按钮。

STEP 03 向对方发送文件夹请求,对方接受请求后,即可开始传送文件夹。

STEP 04 文件夹传送成功,聊天窗口中会显示提示信息。

如果要向某一个好友传送文件时,对方没有在线,就可以使用QQ的传送离线文件功能了,具体的操作步骤如下。

STEP 01 在聊天窗口中单击"发送文件"按钮右侧的下拉按钮,在弹出的快捷菜单中选择"发送离线文件"选项。

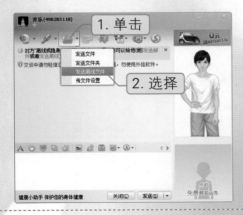

STEP 02 弹出"打开"对话框,单击选择要发送的文件,单击"打开"按钮。

STEP 03 开始向对方发送离线文件，离线文件会先上传到服务器。

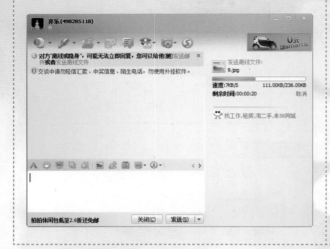

STEP 04 离线文件上传成功，在7天内对方上线后即可收到发送离线文件的申请。

小提示

QQ的离线文件传送功能只能传送比较小的文件，并且文件上传到服务器后，只能保存7天。7天内对方必须要上线下载，如果没有下载，就会被服务器删除掉。

最后再来介绍一下，如何使用QQ邮箱来发送超大邮件，具体的操作步骤如下。

STEP 01 单击QQ主界面上的"QQ邮箱"按钮来开通QQ邮箱。

STEP 02 在弹出的页面中单击"开通我的邮箱"按钮。

STEP 03　QQ邮箱开通成功，单击页面左侧的"文件中转站"选项卡。

STEP 04　单击"上传文件"按钮。在文件中转站里可以上传最大2GB的单个文件。

STEP 05　弹出"打开"对话框，选择要上传的文件，单击"打开"按钮。

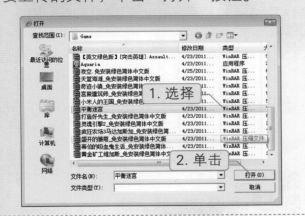

STEP 06　开始上传选中的文件，在上传的时候可以查看上传进度和剩余时间。

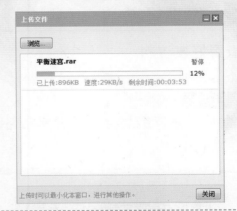

STEP 07　文件上传成功，单击"完成"按钮。

STEP 08　在"文件中转站"中选中要发送给好友的文件，单击"邮件发送"按钮。

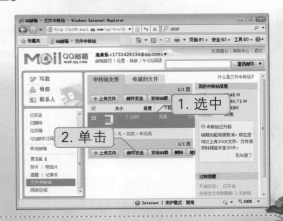

STEP 09 填写收件人的邮箱地址、邮件主题及邮件正文，最后单击"发送"按钮。

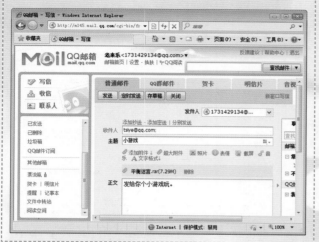

STEP 10 邮件发送完成，对方收到邮件后，即可在中转站下载超大附件。

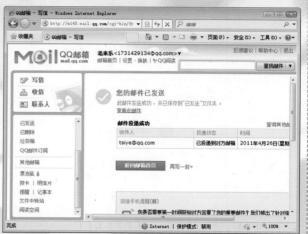

8 管理好友

查看好友资料

STEP 01 将鼠标指针指向好友的头像，会显示好友的悬浮面板，单击悬浮面板上的好友昵称。

STEP 02 弹出好友的个人资料卡片，在这里可以查看好友的个人资料。

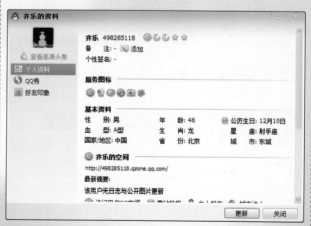

修改好友备注姓名

在QQ的好友列表中显示的是好友的昵称，当好友过多的时候，记昵称不太方便，并且不少好友可能会经常修改昵称，这时可以为好友备注真实姓名，以方便记忆。

STEP 01 选中要添加备注的好友，单击鼠标右键，选择"修改备注姓名"选项。

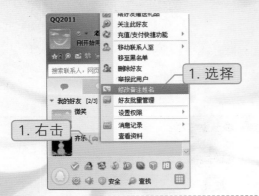

STEP 02 弹出"修改备注姓名"对话框，输入要备注的姓名，单击"确定"按钮。

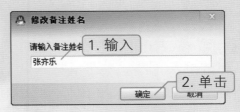

STEP 03 在好友列表中查看修改备注姓名后的效果。

删除好友

把一个好友删除后，不能向对方发送消息，不过可以收到对方发来的消息。

STEP 01 在QQ好友列表中选中要删除的好友，然后单击鼠标右键，选择"删除好友"选项。

STEP 02 弹出"删除好友"对话框，单击"确定"按钮即可删除好友。

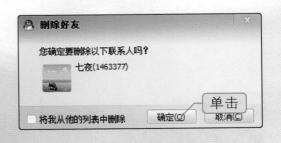

将好友移至黑名单

将一个好友移至黑名单后，会将自己从对方的好友名单中删除掉。删除好友的功能是单向删除，移至黑名单是双向删除。

STEP 01 在QQ好友列表中选中要移至黑名单的好友，然后单击鼠标右键，选择"移至黑名单"选项。

STEP 02 弹出"移至黑名单"对话框，单击"确定"按钮。

STEP 03 选中的好友被移到了黑名单，选中黑名单里的好友，单击鼠标右键可以选择重新加为好友，或者从黑名单中删除。

9 QQ群聊

QQ群是QQ的多人聊天交流服务，群主在创建群以后，可以邀请朋友或者有共同兴趣爱好的人到一个群里面聊天。用户也可以查找并添加自己感兴趣的群，查找要添加的群的具体操作步骤如下。

STEP 01 在QQ主界面上单击"群/讨论组"选项卡，然后单击"添加查找群"链接。

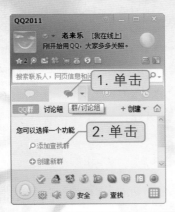

STEP 02 弹出"查找联系人/群/企业"对话框，单击"查找群"选项卡，选中"按条件查找"单选项，输入要查找的关键字，单击"查找"按钮。

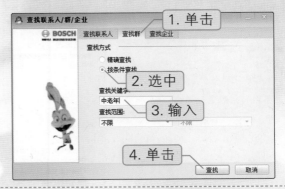

STEP 03 查看搜索结果，选择要添加的群，然后单击右侧的"申请加入"链接。

STEP 04 弹出"添加群"对话框，输入请求信息，单击"发送"按钮。

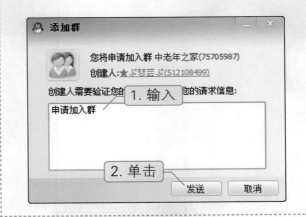

STEP 05 等待管理批准通过后，弹出"群系统消息"对话框，提示已经通过加群请求，单击"确定"按钮结束添加。

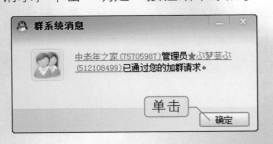

STEP 06 返回到QQ主界面，双击要聊天的QQ名称。

STEP 07 弹出QQ群聊天窗口，输入群聊信息，单击"发送"按钮，群内的所有用户都可以看到您发送的消息。

STEP 08 在群聊天窗口中查看别人的发言。单击"表情"按钮可以向群员发送表情。

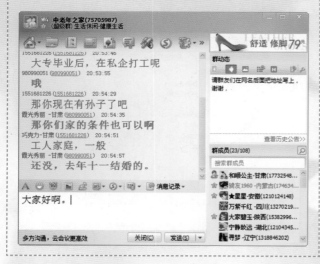

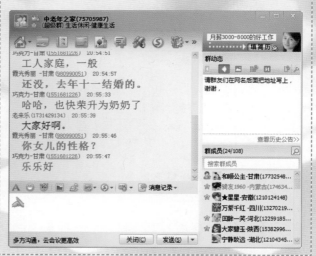

小知识

QQ会员可以创建4个QQ群，普通用户只能创建一个QQ群，并且QQ等级要达到16级才能创建。普通群每个群最多可以有100个成员，超级群最多可以有500个成员。

任务目标 2　使用飞信发送祝福信息

飞信是中国移动的综合通信服务，飞信除具备聊天软件的基本功能外，还可以实现电脑和手机间的无缝即时互通。同时，飞信所提供的好友手机短信免费发、语音群聊超低资费、手机电脑文件互传等更多强大功能，令用户可以在使用过程中产生更加完美的产品体验。

→ 任务精讲

1 | 下载和安装飞信

下载和安装飞信的具体操作步骤如下。

STEP 01 打开飞信首页（http://feixin.10086.cn），单击"下载"选项卡。

STEP 02 在跳转到的页面中单击"免费下载"按钮。

STEP 03 弹出文件下载安全警告对话框，单击"保存"按钮。

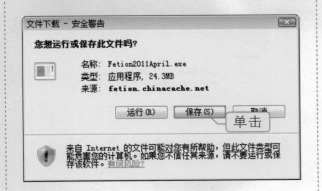

STEP 04 弹出"另存为"对话框，选择软件保存的位置，单击"保存"按钮开始进行下载。

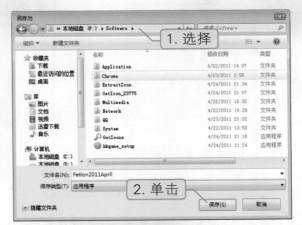

STEP 05 下载完成后，单击"运行"按钮。

STEP 06 弹出安装向导对话框，单击"快速安装"按钮开始进行安装。

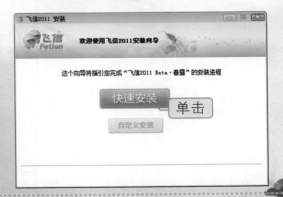

STEP 07 飞信安装完成,单击"完成"按钮结束安装。

2 注册和登录飞信

要登录飞信,需要先注册飞信,注册飞信有两种方式,一种是使用中国移动的手机号注册,另一种是使用电子邮箱进行注册。下面以使用中国移动手机号进行注册为例进行介绍。

STEP 01 双击桌面上的飞信图标,启动飞信登录界面,单击登录界面下方的"注册用户"链接。

STEP 02 弹出"注册新用户"对话框,选中"我是中国移动用户"单选项,输入要注册的手机号码,单击"下一步"按钮。

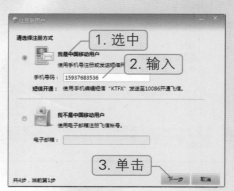

STEP 03 填写姓名、性别、密码以及验证字符,勾选"我同意……"复选框,单击"下一步"按钮。

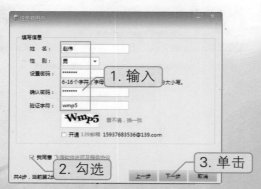

STEP 04 这时移动会向手机发送短信验证码,拿出手机查看短信验证码,将验证码输入到窗口中,单击"下一步"按钮。

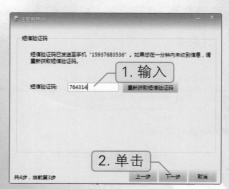

STEP 05 飞信开通成功，单击"登录飞信"按钮登录飞信。

STEP 06 飞信登录成功，这就是飞信的主界面。

3 飞信设置

外观设置

STEP 01 单击主界面下方的"换色"按钮，单击选择要更换的颜色，即可看到换色后的外观效果。

STEP 02 单击"展开侧边栏"按钮，可以在主界面上显示侧边栏。

安全选项设置

STEP 01 单击主界面下方的"系统设置"按钮。

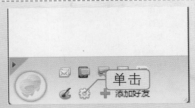

STEP 02 弹出"系统设置"对话框，单击"安全与隐私"类别下的"密码安全"选项卡，在这里可以修改密码和设置密码保护。

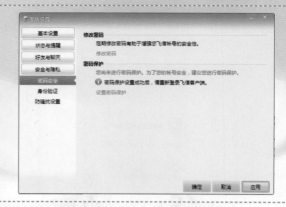

STEP 03 单击"身份验证"选项卡，设置其他人添加我为好友时身份验证的方式。

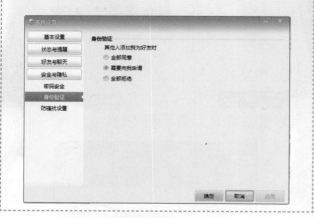

STEP 04 单击"防骚扰设置"选项卡，设置是否允许陌生人和我联系，以及是否接收添加好友的短信等选项，设置完成后，单击"确定"按钮。

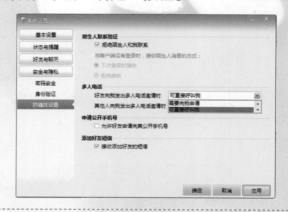

关闭飞信服务

如果不想再使用飞信服务，可以将飞信服务关闭掉，具体的操作步骤如下。

STEP 01 单击飞信主界面左下角的"系统"按钮，选择"服务"下的"关闭飞信服务"选项。

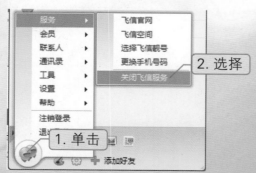

STEP 02 弹出提示对话框，单击"确定"按钮。

STEP 03 输入飞信密码，单击"确定"按钮。

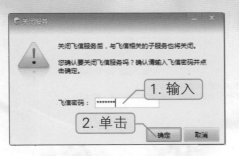

STEP 04 已经成功关闭飞信服务，单击"确定"按钮。

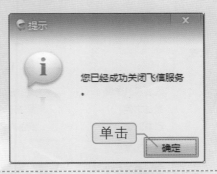

4　添加手机好友

下面介绍如何在飞信中添加手机好友，具体的操作步骤如下。

STEP 01 单击飞信主界面右下角的"添加好友"按钮。

STEP 02 弹出"添加好友"对话框，输入要添加的飞信账号或手机号，单击"确定"按钮发送添加申请。

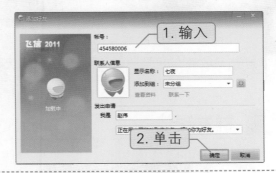

STEP 03 对方同意申请后，弹出提示对话框，告知用户已经添加成功。

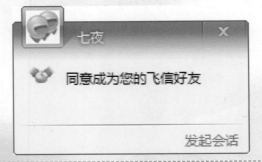

5　发送短信祝福

如果要向离线好友发送短信，只需在好友列表里双击好友昵称，即可打开发送短信的窗口。如果要向在线好友发送短信，具体的操作步骤如下。

STEP 01 选中要发送短信的好友，单击鼠标右键，选择"发送手机信息"下的"发送短信"选项。

STEP 02 弹出短信发送窗口，输入要发送的短信内容，单击"发送短信"按钮，即可将短信免费发送给对方。

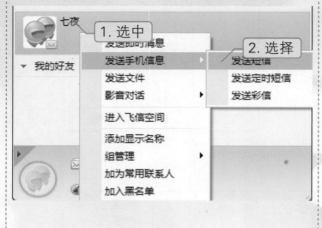

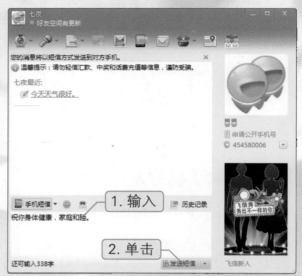

小知识

　　飞信最新版已经具有向未加为好友的移动号码直接发送短信的功能，即使对方并非飞信好友，收费与正常收费相同，每条0.1元。

6 群发短信

　　使用飞信可以群发短信，特别是节假日的时候，群发一条祝福短信，不只省钱，而且方便快捷，使用飞信群发短信的具体操作步骤如下。

STEP 01 单击飞信主界面下方的"发短信"按钮。

STEP 02 弹出"发短信"对话框，单击"接收人"按钮。

STEP 03 勾选要进行短信群发的接收人，单击"确定"按钮。

STEP 04 返回到"发短信"对话框，单击"短信传情"按钮添加短信模板。

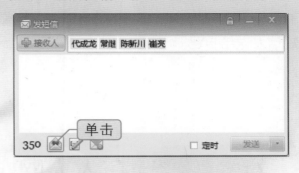

STEP 05 弹出"短信传情"窗口，单击选择要发送的短信模板。

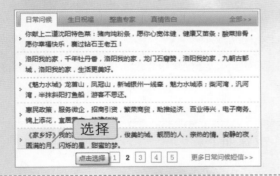

STEP 06 在群发短信时，可以设置定时发送，勾选"定时"复选框，设置定时发送的时间，单击"发送"按钮，当到达定时的时间时，短信会群发给好友。

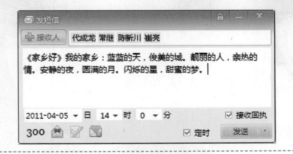

7　给自己发送短信

在浏览网页时，如果看到一段经典的文字，可以使用飞信将文字免费发送到自己的手机上，具体的操作步骤如下。

STEP 01 单击飞信主界面左下角的"系统"按钮，在弹出的快捷菜单中选择"工具"下的"给自己发送短信"选项。

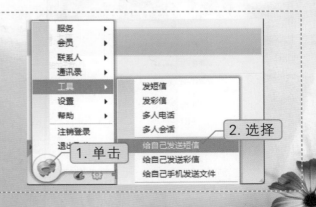

STEP 02 弹出"发短信"对话框，接收人栏里已经默认填上了自己的手机号，输入短信内容，单击"发送"按钮即可将短信发送给自己。

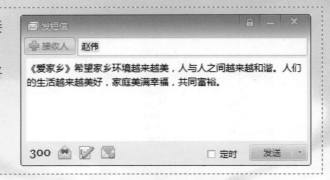

任务目标 3 在人人网中交友

人人网是一个真实的社交网络，该网站鼓励用户实名注册。在人人网上可以联络老同学，结识新朋友，了解他们的最新动态，和朋友分享照片、音乐和电影。

➔ 任务精讲

1 注册人人网账号

下面介绍如何注册人人网账号，具体的操作步骤如下。

STEP 01 打开人人网（www.renren.com）的主页，填写注册信息。

STEP 02 向下拖动滚动条，填写验证码，单击"立即注册"按钮。

STEP 03　注册成功，单击"立刻去邮箱认证账户"按钮。

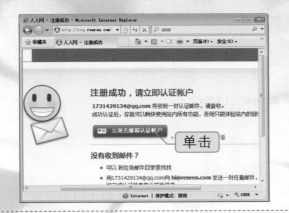

STEP 04　登录注册时填写的邮箱，在收件箱中找到认证邮件，单击邮件中的认证链接。

STEP 05　认证成功后，进入到填写个人信息页面，填写自己的个人信息，单击"保存我的个人信息"按钮。

STEP 06　单击"上传头像"按钮。

STEP 07　弹出"选择要加载的文件"对话框，选择要上传的头像图片，单击"打开"按钮。

STEP 08　头像上传成功后自动进入人人网的个人主页。

2 在人人网中上传自己的照片

下面介绍如何在人人网中上传自己的照片来宣传自己，具体的操作步骤如下。

STEP 01 单击人人网首页"相册"选项卡右侧的"上传"链接。

STEP 02 单击"新建相册"链接，新建一个相册。

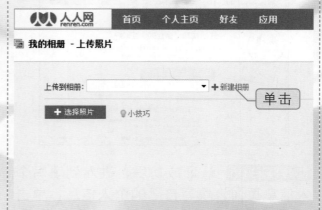

STEP 03 输入要创建的相册名称，设置浏览权限，单击"保存"按钮。

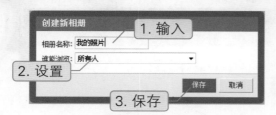

STEP 04 单击"选择照片"按钮。

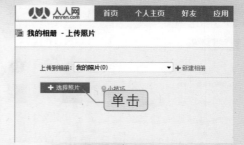

STEP 05 选择要上传的照片，可以选中多张照片，选择之后单击"打开"按钮。

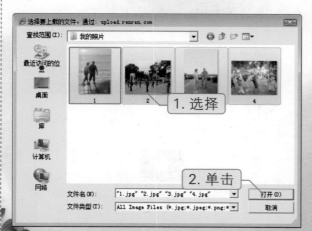

STEP 06 单击"开始上传"按钮上传照片。

3.jpg	49.8 KB
4.jpg	103 KB

共4个文件 | 清空列表　　　总计：598 KB

你可以上传JPG，GIF，PNG或BMP文件，一批可以上传30张。

↥ 开始上传　　　单击

STEP 07　照片上传完成后，单击"保存并发布"按钮。

STEP 08　在"我的相册"中查看上传的照片，并且可以对照片进行编辑、删除等操作。

3　在人人网中撰写日志

下面介绍如何在人人网中撰写日志，具体的操作步骤如下。

STEP 01　单击"日志"选项卡，然后单击页面右侧的"写新日志"按钮。

STEP 02　输入新日志的标题和日志的正文内容。

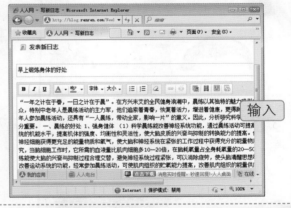

STEP 03　向下拖动滚动条，单击"发布"按钮。

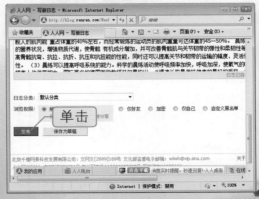

STEP 04 日志发布成功后，可以对发布的日志进行编辑和删除等操作。

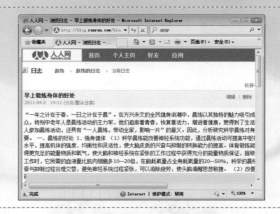

4 在人人网中签写留言

下面介绍如何在人人网中签写留言，具体的操作步骤如下。

STEP 01 单击"好友"选项卡，在下拉菜单中选择"全部好友"选项来查看好友。

STEP 02 单击要签写留言的好友头像或好友姓名，弹出好友的个人主页。

STEP 03 在好友的留言板中签写留言，然后单击"留言"按钮。

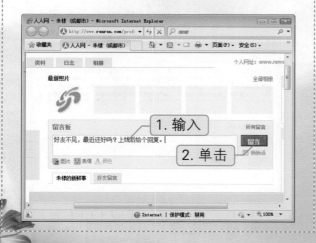

STEP 04 在页面下方可以查看别人的留言，单击"回复"按钮，可以对别人的留言进行回复，在留言板的输入框里输入回复内容，单击"留言"发布留言。

5　和老朋友分享音乐和视频

下面介绍如何与老朋友分享音乐和视频，具体的操作步骤如下。

STEP 01 返回到首页，单击"分享"选项卡。

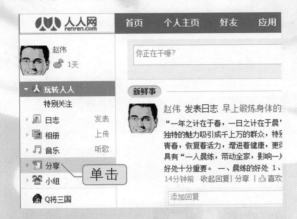

STEP 02 在分享输入框中输入要分享的音乐网址，单击"分享"按钮。

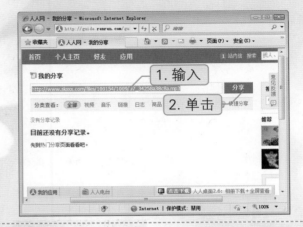

STEP 03 输入歌曲名称和歌手姓名，单击"确定"按钮。

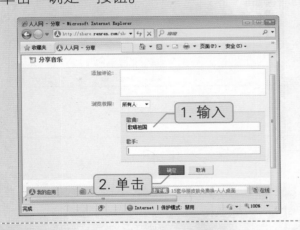

STEP 04 歌曲分享成功，单击"返回分享首页"链接，下面再分享一段视频。

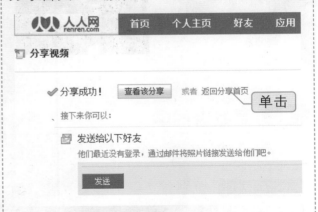

STEP 05 在分享输入框中输入正在观看的视频链接，例如优酷网的视频链接，输入完成后，单击"分享"按钮。

127

STEP 06 输入视频名称，单击"确定"按钮。

STEP 07 再次单击"分享"选项卡，然后单击选择"我的分享"选项。

STEP 08 查看我分享的视频和音乐，在人人网上可以直接播放分享的视频和音乐。

6 寻找老同学

下面介绍一下如何在人人网上寻找老同学，具体的操作步骤如下。

STEP 01 单击首页上的搜索按钮，跳转到搜索好友页面，选择要搜索的就读范围，例如选择寻找高中同学，输入同学姓名，单击"高中"后的输入框。

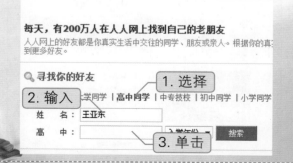

STEP 02 弹出选择学校对话框，选择就读过的学校。

STEP 03 单击"搜索"按钮。

STEP 04 搜索出结果后，单击姓名打开对方的主页，判断是否是自己的同学，如果对方是自己的同学，单击右侧的"加为好友"链接将对方加为好友。

STEP 05 弹出添加好友对话框，输入验证信息，单击"确定"按钮。

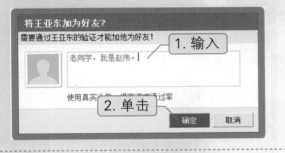

STEP 06 添加申请已经发送给对方，等待对方确认后即可将对方完成添加。

7 | 结识新朋友

下面介绍一下如何在人人网上结识新朋友，具体的操作步骤如下。

STEP 01 在人人网首页上单击"好友"选项卡。

STEP 02 单击页面左侧的"寻找好友"选项，人人网会为用户推荐50位可能认识的人，单击"显示更多"链接。

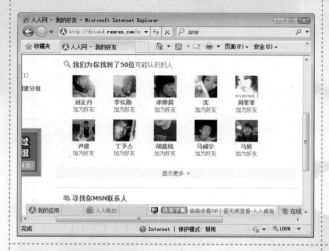

STEP 03 选择要添加的朋友，单击姓名下面的"加为好友"链接。

STEP 04 弹出添加好友对话框，输入验证信息，单击"确定"按钮发送添加请求。

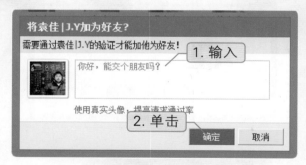

STEP 05 添加申请已经发送给对方，等待对方确认后即可将对方加为好友。

互动练习

在腾讯QQ聊天软件中，如果不小心将一个好友删除掉了，如何恢复呢？按照下面的提示步骤，自己动手恢复一下近期误删除的好友。

STEP 01 单击QQ主界面下方的"安全"按钮。

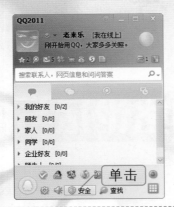

STEP 02 弹出"安全沟通"对话框，单击"好友恢复"选项卡。然后单击"QQ好友恢复"下方的"申请恢复"链接。

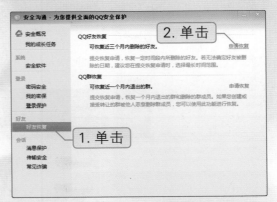

STEP 03 弹出好友恢复网页，选择要恢复的范围，单击"提交"按钮。

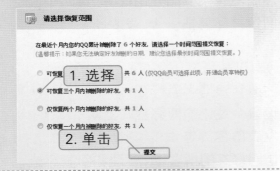

STEP 04 恢复好友的申请已经成功提交，3个工作日内系统会将好友恢复处理完毕，单击"关闭页面"按钮关闭网页。

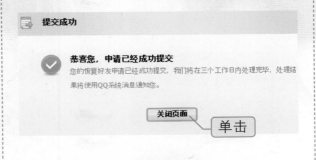

Chapter
Seven

第**7**章

网络论坛与博客

■ **任务播报**

❖ 网络论坛
  ❶ 注册与登录夕阳红论坛 ❷ 编写个人资料
  ❸ 阅读并回复帖子 ❹ 发表新帖

❖ 开通自己的博客
  ❶ 注册新浪博客通行证
  ❷ 设置个性化的博客空间上网
  ❸ 发表博客日志 ❹ 管理博客日志
  ❺ 访问好友的博客 ❻ 管理和回复评论

❖ 开通自己的微博
  ❶ 登录开通新浪微博 ❷ 发布微博消息
  ❸ 关注好友 ❹ 账号设置 ❺ 添加微博应用

❖ 装扮自己的QQ空间
  ❶ 激活与登录QQ空间 ❷ 设置QQ空间
  ❸ 装扮QQ空间 ❹ 发表空间日志
  ❺ 上传照片到QQ空间 ❻ 访问好友空间

■ **任务达标**

❖ 了解论坛的使用方法
❖ 学会管理个人博客
❖ 学会使用博客

任务目标 1 使用网络论坛

网络论坛又名网络BBS，它是一种交互性强、内容丰富而及时的 Internet电子信息服务。用户在网络论坛上可以获得各种信息服务、发布信息、进行讨论、聊天等。

➔ 任务精讲

1 | 注册与登录夕阳红论坛

下面以夕阳红论坛（www.lnlt.cn）为例介绍如何使用网络论坛，首先介绍如何注册和登录网络论坛，具体的操作步骤如下。

STEP 01 打开夕阳红论坛的主页，然后单击"注册"链接。

STEP 02 输入要注册的用户名、密码、邮箱地址及验证码，单击"下一步"按钮。

注册

注意：用户名只能用纯中文,不得包含英文或数字.注册成功6分钟后发帖 *

用户名：夕阳老来乐 *　　　　已有帐号？现在登录
密码：●●●●●● *
确认密码：●●●●●● *
Email：1731429134@qq.com *
887+11+2＝?
验证：900 ✔

下一步

STEP 03 输入QQ号码，选择性别、生日，然后单击"提交"按钮。

注册

您是从哪里知道本站？　朋友告知 ▾ *

QQ：1731429134 *　　　　已有帐号？现在登录
性别：◉男 ○女 请选择性别 *
生日：1960-01-01 13:16 *

上一步　提交 ☑同意网站服务条款

STEP 04 夕阳红论坛账号注册成功，直接进入到个人中心界面。

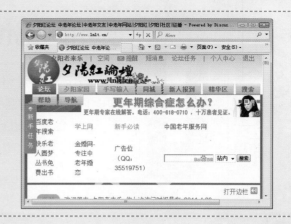

2　编写个人资料

下面介绍如何在论坛中编写个人资料，具体的操作步骤如下。

STEP 01 单击页面顶端的"个人中心"链接，然后可以填写和修改个人资料。

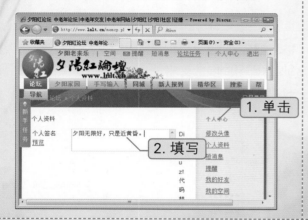

STEP 02 向下拖动滚动条，单击"提交"按钮完成个人资料的修改。

STEP 03 单击右侧的"修改头像"选项卡，单击"选择图片"按钮，上传一张图片作为个人头像。

STEP 04 弹出"选择要上载的文件"对话框，单击选中要作为头像的图片，单击"打开"按钮。

STEP 05 单击"确定"按钮开始上传头像。

STEP 06 头像上传成功，单击"完成"按钮结束上传。

3　阅读并回复帖子

下面介绍如何阅读和回复帖子，具体的操作步骤如下。

STEP 01 在论坛主页中往下拖动滚动条可以查看到论坛所有板块的名称，单击要进入的板块名称，即可进入此板块查看帖子。例如单击"现代文学"板块。

STEP 02 进入到"现代文学"板块，在这里可以查看到全部帖子的标题，单击要看的帖子的标题，即可打开帖子，阅读帖子的全文。例如单击帖子"生死情路"。

STEP 03 在跳转到的页面中阅读帖子的详细内容及其他人对这个帖子的回复。

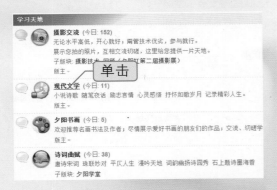

STEP 04 帖子阅读完后，拖动滚动条到页面的底端，在回复框中输入要回复的帖子内容，输入显示的验证码，单击"发表回复"按钮。

STEP 05 帖子回复成功后，在最后一页可以看到自己的回帖。

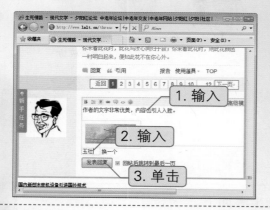

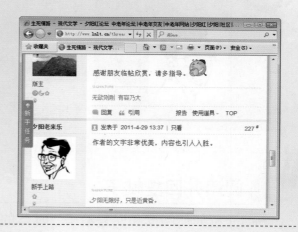

4 ｜ 发表新帖

如果有好的文章、好的想法要跟论坛的成员分享和讨论，可以发表新帖子，具体的操作步骤如下。

STEP 01 在论坛的首页选择要发帖的板块，例如单击"开心乐园"板块。

STEP 02 进入到"开心乐园"板块，单击"发帖"按钮。

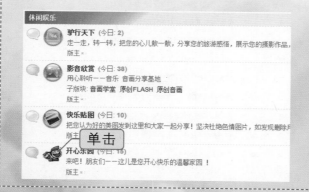

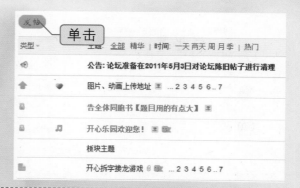

STEP 03 输入帖子的标题和帖子的正文内容，并选择帖子的分类。

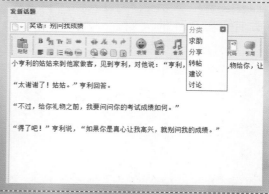

STEP 04 向下拖动滚动条，输入验证码，单击"发新话题"按钮即可将发表新帖。

STEP 05 帖子发表成功后，在板块标题列表里单击自己帖子的标题即可打开帖子查看正文内容，以及查看其他人对这篇帖子的回复。

标签(TAG): (用逗号或空格隔开多个标签，最多可填写 5 个)

+可用标签

发帖选项：

☐ Html 代码　　☑ 禁用 URL 识别
☑ [img] 代码　　☐ 禁用 Smilies
　　　　　　　　☐ 禁用 Discuz!代码
　　　　　　　　☐ 禁用 标签解析

1. 单击

发新话题　卵瓦　换一个

2. 输入

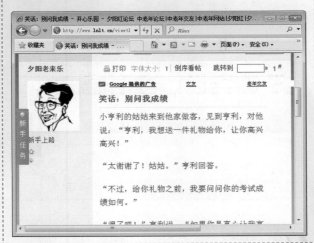

开通自己的博客

任务目标 **2**

博客是一种通常由个人管理、不定期张贴新的文章的网站。博客的内容可以是您纯粹个人的想法和心得，包括你对时事新闻、国家大事的个人看法，或者您对一日三餐、服饰打扮的精心料理等。

➔ 任务精讲

1 | 注册新浪博客通行证

新浪网博客（http://blog.sina.com.cn）是国内人气最高的博客频道，拥有耀眼的娱乐明星博客、最知性的名人博客、最动人的情感博客、最自我的草根博客。要使用新浪博客，必须先注册一个新浪博客通行证作为登录账号，注册新浪博客通行证的具体操作步骤如下。

STEP 01 打开新浪博客的首页，单击"开通新博客"按钮。

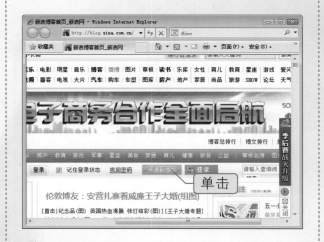

STEP 02 进入新浪博客的注册页面，输入邮箱地址、要设置的密码、昵称及验证码，最后单击"注册"按钮。

STEP 03 需要进入邮箱验证邮箱地址，单击"点此进入XX邮箱"按钮。

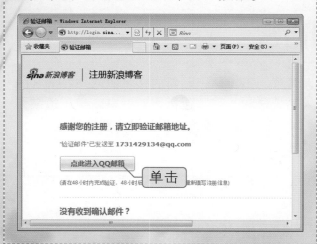

STEP 04 进入邮箱的收件箱，找到验证邮件，单击邮件里的链接完成注册。

STEP 05 新浪博客注册成功，系统会给用户分配一个博客地址。

2 设置个性化的博客空间

博客注册成功后，为了界面更加美观，可以对博客设置个性化的风格，具体的操作步骤如下。

STEP 01 新浪博客注册成功后，单击个人主页右上方的"页面设置"按钮。

STEP 02 进入"风格设置"选项卡，单击选择一种自己喜欢的风格模板。

STEP 03 单击"版式设置"选项卡，单击选择自己喜欢的版式结构。

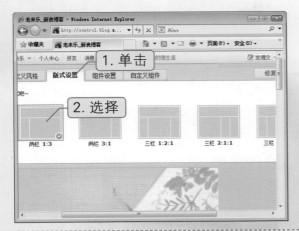

STEP 04 单击"组件设置"选项卡，勾选要在博客主页上显示的组件。

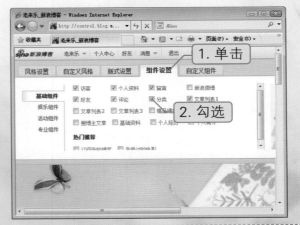

STEP 05 单击"自定义组件"选项卡，可以添加自定义组件，例如单击"添加列表组件"按钮，添加一个自定义列表组件。

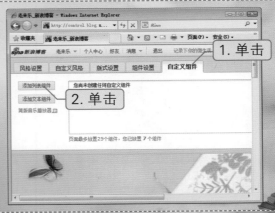

STEP 06 选择组件的宽窄，输入组件的标题和组件的正文，单击"保存"按钮。

STEP 07 组件添加成功，单击"确定"按钮。

STEP 08 将鼠标指向模块的标题上时，指针会变成十字形，这时可以拖曳调整模块的位置。例如将"个人资料"模块拖曳到"好友"模块的上方。

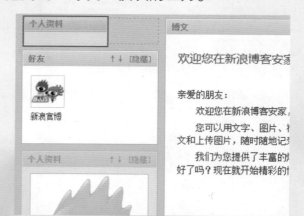

STEP 09 在每个模块的右上方都有一个"隐藏"按钮，单击它可以隐藏相应的模块。

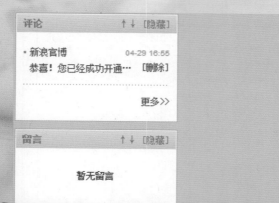

STEP 10 将鼠标指向博客名称和菜单栏时，四周会显示红色的虚线框，表示可以通过鼠标拖曳来移动它们的位置。

STEP 11 页面设置完成后，单击右上角的"保存"按钮结束设置。

STEP 12 返回到博客主页，单击默认的个人头像图片，为博客上传一个头像。

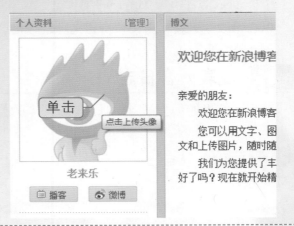

STEP 13 进入到头像上传页面，单击"浏览"按钮。

STEP 14 弹出"选择要上载的文件"对话框，单击选择要上传的头像图片，单击"打开"按钮。

STEP 15 使用鼠标拖动图片四周的控制点，调整头像的大小，调整完成后单击"保存"按钮。

STEP 16 头像上传成功，单击"确定"按钮结束上传。

小知识 ◄

　　新浪博客给每个用户的地址是一长串数字，用户如果不喜欢默认的一长串数字，也可以在修改个人资料里设置自定义地址，设置自定义地址之后，将不可以再修改。

3　发表博客日志

　　下面介绍如何发表个人日志，具体的操作步骤如下。

STEP 01 在自己的主页上单击"发博文"按钮。

STEP 02 输入要发布日志的标题和正文内容。

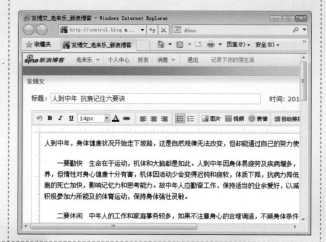

STEP 03 向下拖动滚动条，设置评论权限，选择日志的类别，然后单击"发博文"按钮。

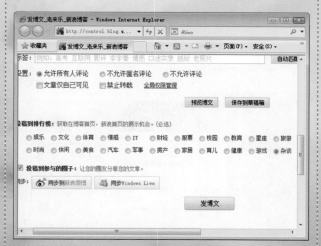

STEP 04 博文发布成功，单击"确定"按钮结束发布。

STEP 05 在个人主页上单击日志的标题，即可查看博客的正文内容，如果博文有错误，可以单击"编辑"链接修改博客日志。

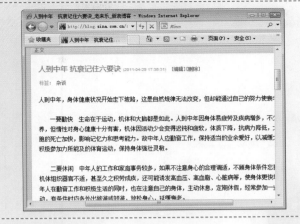

4 管理博客日志

博客日志的管理包括对日志进行分类、置顶首页、修改分类等，管理博客日志的具体操作步骤如下。

STEP 01 在个人主页上单击"博文目录"链接。

STEP 02 单击"管理"链接。

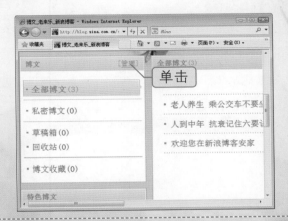

STEP 03 输入要创建的分类名称，单击"创建分类"按钮。

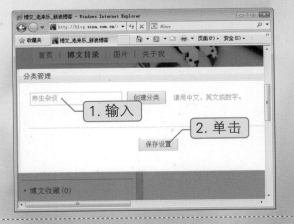

STEP 04 分类创建完成后，单击"保存设置"按钮。

STEP 05 如果想将一篇日志置顶在首页的顶端，可以单击博文标题后面的"更多"按钮，在下拉菜单中选择"置顶首页"选项。

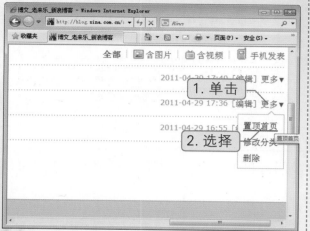

STEP 06 如果想对一篇日志修改分类，可以在"更多"下拉菜单中选择"修改分类"选项。

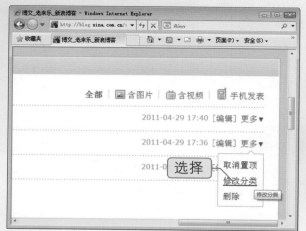

STEP 07 弹出"修改博文分类"对话框，选择新的分类，然后单击"确认"按钮。

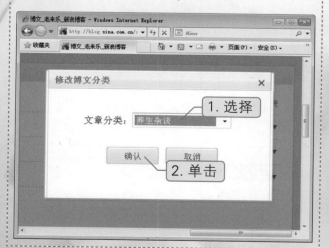

STEP 08 修改分类成功，单击"确定"按钮结束修改。

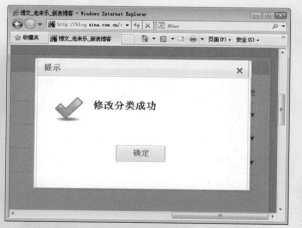

5 访问好友的博客

　　与好友进行互动是博客的一大特色，下面介绍如何访问好友的博客，具体的操作步骤如下。

STEP 01 在个人主页上单击页面顶端的"好友"链接。

STEP 02 在好友页面中查看自己的好友，单击好友的头像或好友的昵称即可打开好友的博客首页。单击一个好友的头像。

STEP 03 打开好友的博客首页，单击要阅读的博文标题。

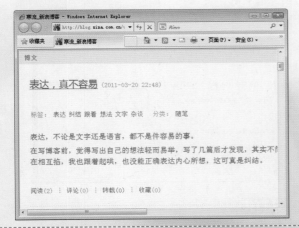

STEP 04 进入正文页面，阅读对方的博文。

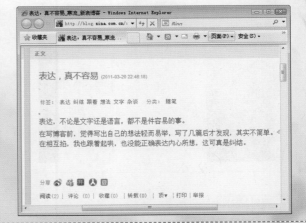

STEP 05 博文阅读完后，向下拖动滚动条，在回复框内输入要评论的内容，然后输入验证码，单击"发评论"按钮。

STEP 06 评论回复成功，在评论列表里查看自己的评论。

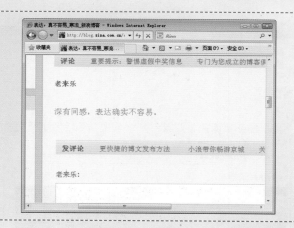

6 | 管理和回复评论

下面介绍如何管理和回复别人的评论，具体的操作步骤如下。

STEP 01 在博客主页上单击顶端的"消息"链接，在下拉菜单中单击"评论"链接。

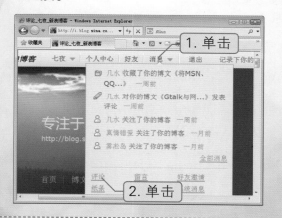

STEP 02 进入到评论的管理页面，查看评论内容，单击评论内容右侧的"回复"链接。

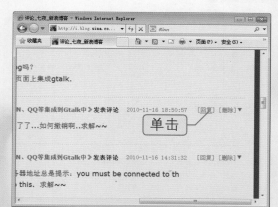

STEP 03 显示回复输入框，输入要回复的内容，单击"回复"按钮。

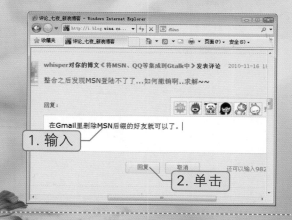

STEP 04 回复评论后，查看回复的效果。

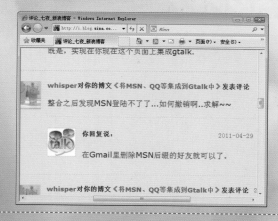

STEP 05 如果有人发恶意评论或广告评论，可以在评论管理中将这些评论删除掉，勾选要删除的评论，单击"删除"按钮即可。

STEP 06 弹出提示对话框，单击"删除"按钮开始删除。

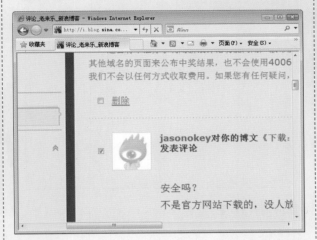

任务目标 3 开通自己的微博

微博，即微博客的简称，是一个基于用户关系的信息分享、传播及获取平台，用户可以通过网页、手机及各种客户端，发布140字左右的文字更新信息，并实现即时分享。

→ 任务精讲

1 登录和开通新浪微博

下面以新浪微博（www.weibo.com）为例介绍如何使用微博，首先介绍如何登录和开通新浪微博，具体的操作步骤如下。

STEP 01 打开新浪微博的首页，输入新浪博客的账号和密码，然后单击"登录微博"按钮。

STEP 02 填写昵称、所在地并选择性别。

STEP 03 向下拖动滚动条，输入验证码，单击"开通微博"按钮。

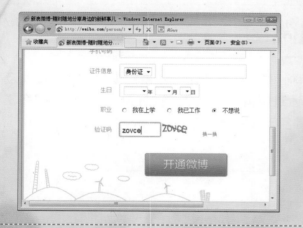

STEP 04 系统向用户推荐一些用户，如果感兴趣，可以单击"加关注"按钮关注他们，最后单击"完成"按钮。

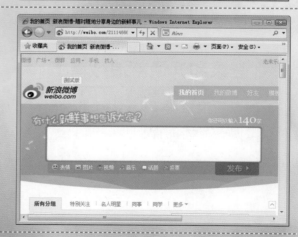

STEP 05 新浪微博开通成功，进入到微博的个人主页。

2 发布微博消息

下面介绍如何发布微博消息，具体的操作步骤如下。

STEP 01 在微博个人主页的输入框中输入要发布的微博消息，每条消息不能超过140字，然后单击"发布"按钮。

STEP 02 消息发布后，单击"我的微博"选项卡可以查看自己发布的微博消息。

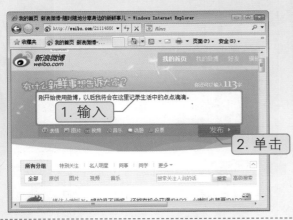

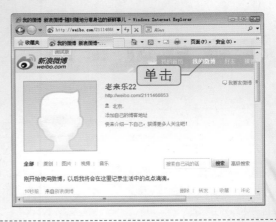

3 关注好友

在微博世界里，可以将任何人添加到关注好友里，他们可以是明星、明人、朋友、同事、同学、陌生人等。当关注后，只要他们发布微博消息，就可以立刻接收到。在新浪微博中关注好友的具体操作步骤如下。

STEP 01 单击新浪微博个人主页顶端的"广场"菜单，在下拉菜单中选择"名人堂"选项。

STEP 02 单击选择要关注的好友类型，例如单击"影视"链接。

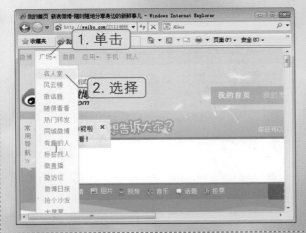

STEP 03 在跳转到的页面会显示所有已经开通新浪微博的影视明星，单击头像选择要关注的明星，选择完后，单击"关注已选"按钮。

STEP 04 添加关注成功，单击"确定"按钮。

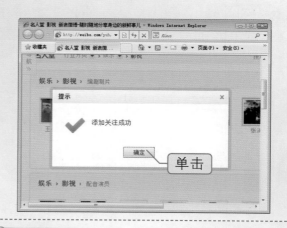

STEP 05 如果要关注朋友或同学，可以使用搜索功能来寻找，在搜索框中输入要关注的好友姓名，在下拉菜单中选择搜索范围为"名为XX的人"选项，单击"搜索"按钮。

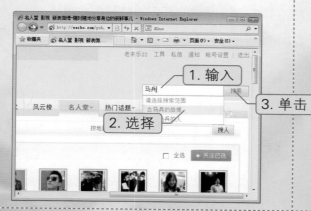

STEP 06 搜索出结果后，选择要关注的人，然后单击"加关注"按钮。

STEP 07 弹出"设置分组"对话框，勾选要加入的分组，单击"保存"按钮。

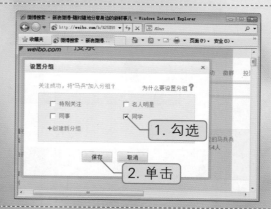

STEP 08 好友关注成功后，在"我的首页"的页面右侧可以查看到自己关注的好友数量，单击关注的数字，进入好友管理页面。

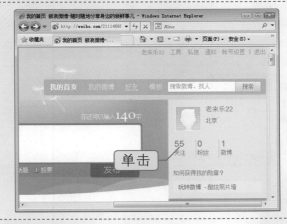

STEP 09 在好友管理页面中单击好友的头像或好友的姓名，进入对方的个人微博首页。

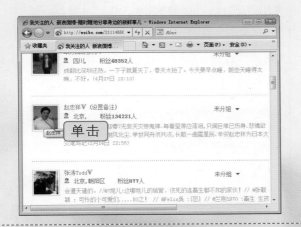

STEP 10 进入对方的微博首页后，可以查看到对方发布的所有微博消息。如果要对某条消息进行回复，可以单击消息右侧的"评论"链接。

STEP 11 显示评论输入框，输入要回复的评论内容，单击"评论"按钮发表评论。

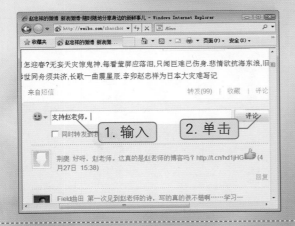

STEP 12 评论发布成功后，在评论列表里查看自己的评论内容。

4 账号设置

下面介绍新浪微博的账号设置，具体的操作步骤如下。

STEP 01 单击页面顶端的"账号设置"按钮。

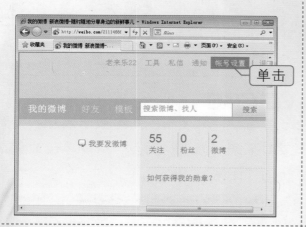

STEP 02 进入"个人资料"设置选项卡，在这里可以修改自己的昵称，以及填写真实姓名。

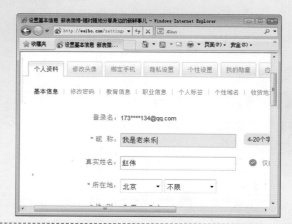

STEP 03 向下拖动滚动条，输入一句话介绍，单击"保存"按钮。

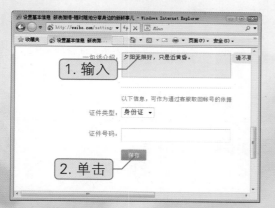

STEP 04 单击"修改头像"选项卡上传一张头像，单击"本地照片"按钮。

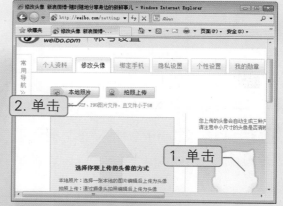

STEP 05 弹出"选择要上载的文件"对话框，单击选中要上传的头像图片，单击"打开"按钮。

STEP 06 拖动图片四周的控制点，调整头像的大小，然后单击"保存"按钮。

STEP 07 单击"隐私设置"选项卡，设置评论的权限和私信的权限。

STEP 08 向下拖动滚动条，设置允许别人搜索我的选项及设置勋章的状态，单击"保存"按钮。

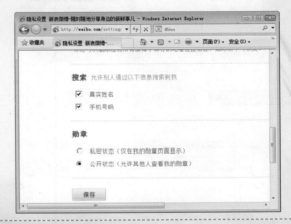

STEP 09 单击"个性设置"选项卡，设置微博小黄签的提醒方式。

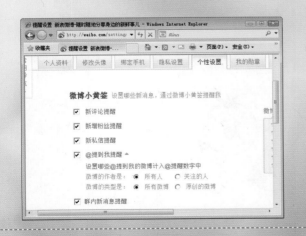

STEP 10 向下拖动滚动条，选择是否接收来自微博的邮件，然后选择页面语言（有中文简体和中文繁体两种选择），设置完成后单击"保存"按钮。

5 添加微博应用

添加应用功能是微博的一大特色，下面介绍如何添加微博应用，具体的操作步骤如下。

STEP 01 在微博首页上单击"应用"菜单。

STEP 02 进入微博应用的首页，单击选择要添加的应用种类，例如单击"微博小工具"选项。

STEP 03 选择要添加的应用，单击应用的标题。

STEP 04 进入应用的详细介绍界面，单击"立即使用"按钮。

STEP 05 单击"进入微博授权"按钮。

STEP 06 单击"授权"按钮添加应用。

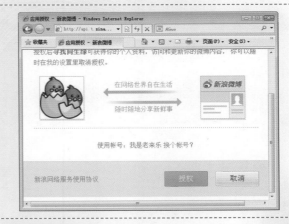

STEP 07 开始使用添加的应用，由于添加的这个应用叫"寻找同生缘"，所以在页面中输入自己的生日，单击"OK"按钮，查找与自己同一天出生的名人。

STEP 08 查找出与自己同一天出生的名人生，勾选要发布到微博上的名人姓名。

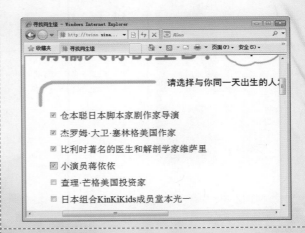

STEP 09 向下拖动滚动条，单击"分享到微博"按钮。

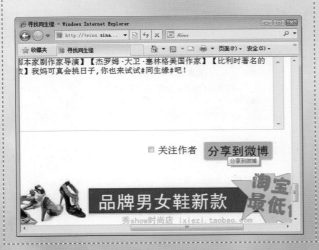

STEP 10 返回到微博的个人首页，查看使用微博应用发布的寻找同生缘的微博消息。

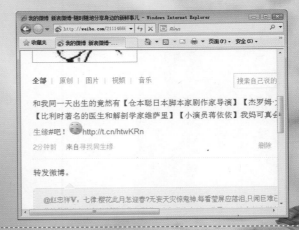

STEP 11 在"账号设置"界面中单击"应用授权"选项卡，可以查看到自己添加的应用。

STEP 12 向右拖动滚动条，单击应用右侧的"取消授权"按钮可以删除已经添加的应用。

任务目标 4 装扮自己的QQ空间

QQ空间是腾讯QQ的一个个性空间，具有博客的功能，自问世以来受到众多人的喜爱。在QQ空间上可以书写日记、上传自己的照片、听音乐、写心情。除此之外，用户还可以根据自己的喜好设定空间的背景、小挂件等，从而使每个空间都有自己的特色。

➔ 任务精讲

1 激活和登录QQ空间

在使用QQ空间之前，需要先激活QQ空间，激活QQ空间的具体操作步骤如下。

STEP 01 在QQ的主界面上单击"QQ空间信息中心"按钮。

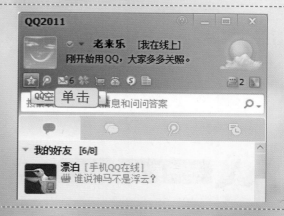

STEP 02 弹出开通QQ空间的页面，单击"立即开通QQ空间"按钮。

STEP 03 填写要设置的个人资料。

STEP 04 向下拖动滚动条，输入页面上显示的验证码，单击"开通并进入我的QQ空间"按钮。

STEP 05 弹出消息提示框，单击"确定"按钮进入QQ空间。

STEP 06 QQ空间开通成功。

2 | 设置QQ空间

下面介绍如何设置QQ空间，具体的操作步骤如下。

STEP 01 登录QQ空间后，单击页面右侧的"设置"按钮。

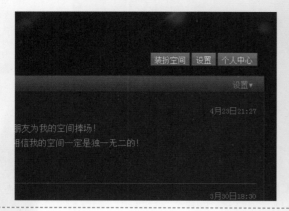

STEP 02 设置访问权限，设置完成后单击"保存"按钮。

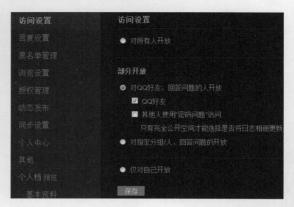

STEP 03 单击"回复设置"选项卡，设置回复权限，设置完成后单击"保存"按钮。

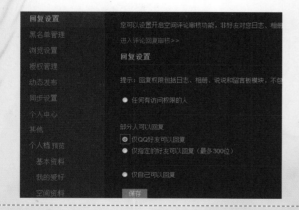

STEP 04 单击"个人中心"选项卡，设置要在个人中心显示的模块，设置完成后单击"保存"按钮。

STEP 05 单击"基本资料"选项卡，设置自己的个人资料，设置完成后，单击"保存"按钮。

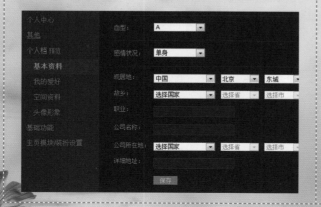

STEP 06 单击"空间资料"选项卡，填写空间说明和签名档。签名档会在给其他好友留言和评论时显示。填写完成后单击"保存"按钮。

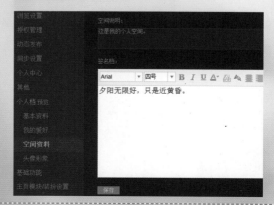

STEP 07 单击"头像形象"选项卡为QQ空间上传一张个人头像，单击"上传图片"按钮。

STEP 08 单击"浏览"按钮。

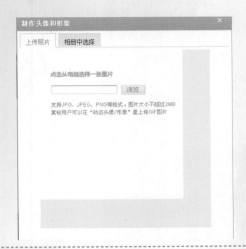

STEP 09 单击选择要上传的头像图片，单击"打开"按钮。

STEP 10 单击"放大"或"缩小"按钮，调整头像的大小，调整完成后，单击"继续"按钮。

STEP 11 单击"继续"按钮开始上传头像。

STEP 12 头像上传成功，单击"关闭"按钮关闭对话框。

3 装扮QQ空间

为了使QQ空间与众不同，更具个性化的特色，可以对QQ空间进行装扮，具体的操作步骤如下。

STEP 01 登录QQ空间后，单击页面右上角的"装扮空间"按钮。

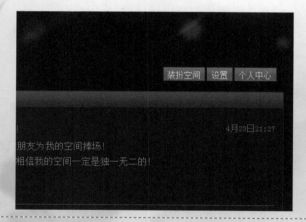

STEP 02 在"精彩推荐"选项卡下单击选择可以免费试用的空间模板。

STEP 03 单击"换色调"选项卡，单击选择自己喜欢的色调。

STEP 04 单击"增删模块"选项卡，勾选需要增加的模块，或取消勾选需要删除的模块。

STEP 05 单击"高级设置"选项卡，单击选择要设置的页面布局。

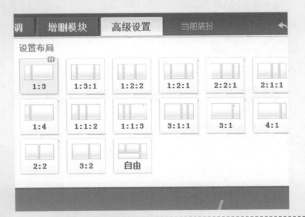

STEP 06 全部设置完成后单击"保存"按钮结束设置。

4　发表空间日志

下面介绍如何在QQ空间中发表日志，具体的操作步骤如下。

STEP 01 在QQ空间的个人主页中单击"日志"选项卡。

STEP 02 进入日志管理页面，单击"写日志"按钮。

STEP 03 输入日志的标题和正文内容。

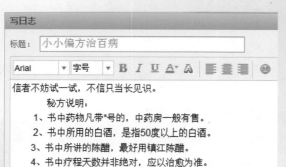

STEP 04 向下拖动滚动条，选择日志分类和设置阅读权限，以及选择是否要显示签名档，最后单击"发表日志"按钮。

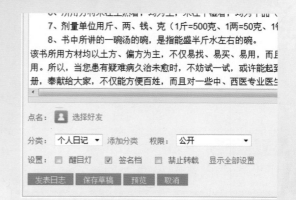

STEP 05 日志发表成功，单击"返回查看日志"按钮查看已经发表的日志。

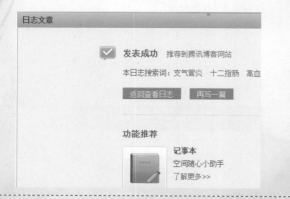

STEP 06 查看已经发表的日志，如果对发表的日志不满意，可以重新进行编辑。

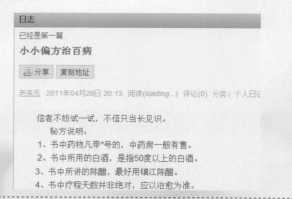

5 上传照片到QQ空间

将照片上传到QQ空间，可以让QQ好友了解您的动态，与好友进行互动。上传照片到QQ空间的操作步骤如下。

STEP 01 在QQ空间的个人主页中单击"相册"选项卡。

STEP 02 单击"创建相册"链接，先创建一个相册。

STEP 03 弹出"创建相册"对话框，输入要创建的相册名称，单击"确定"按钮开始创建。

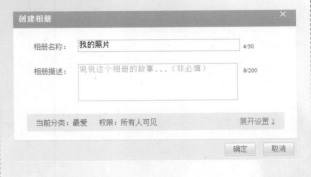

STEP 04 相册创建成功，单击新创建的相册名称进入相册。

STEP 05 进入相册后，单击"上传照片"按钮即可将照片上传到此相册中。

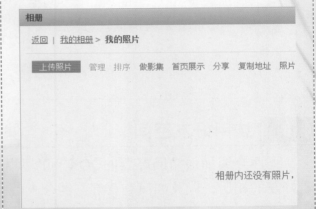

STEP 06 单击"添加照片"按钮。

STEP 07 选择要上传的照片，可以同时选中多张照片，选择完成后单击"打开"按钮。

STEP 08 照片添加完成后，单击"开始上传"按钮。

STEP 09 照片上传成功，单击"完成"按钮结束上传。

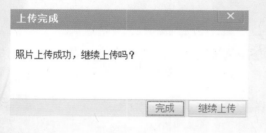

STEP 10 返回到相册，查看上传的照片。

6 访问好友空间

下面介绍如何访问好友的QQ空间阅读并评论好友的日志、如何给好友留言、如何查看好友的相册，以及如何查看好友的个人资料，具体的操作步骤如下。

STEP 01 在QQ好友列表中选择要访问空间的好友，单击鼠标右键，选择"进入QQ空间"选项。

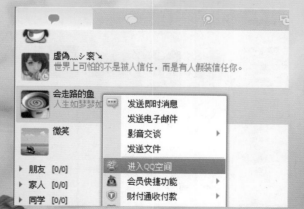

STEP 02 进入对方的QQ空间，单击"日志"选项卡，然后单击要阅读的日志标题。

STEP 03 阅读日志正文，阅读完后，向下拖动滚动条，在发表评论输入框中输入要发表的评论，单击"发表"按钮发表评论。

STEP 04 单击"留言板"选项卡，在留言输入框内输入留言，单击"发表"按钮发表给好友的留言。

STEP 05 单击"相册"选项卡，可以查看对方上传的照片。

STEP 06 单击"个人档"选项卡，可以查看对方的基本资料和详细资料。

小知识

在使用QQ空间的时候，如果打开空间的速度太慢，或者经常无法正常打开，可以单击空间顶端的"切换到简洁版"按钮，将QQ空间切换成简洁版。

互动练习

根据下面的步骤提示，自己动手开通腾讯微博，在QQ软件中发布微博消息，并与微博好友进行对话。

STEP 01 在QQ软件的主界面上单击"微博"选项卡，然后单击"立即开通腾讯微博"按钮。

STEP 02 弹出开通腾讯微博的网页，输入要设置的微博账号和姓名，单击"立即开通"按钮。

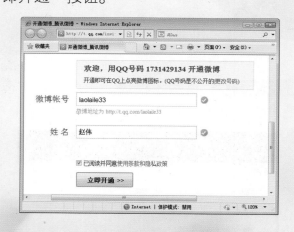

STEP 03 腾讯微博开通成功，进入腾讯微博的个人主页。

STEP 04 返回到QQ软件的主界面，在"微博"选项卡里输入要发表的微博消息，单击"发表"按钮。

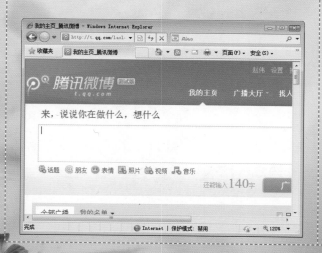

STEP 05 微博消息发表成功，选择要进行对话的微博好友，单击右侧的下拉按钮，在下拉菜单中选择"对话"选项。

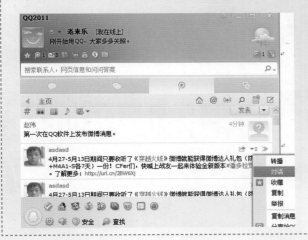

STEP 06 弹出与微博好友对话的窗口，输入要对话的内容，单击"发送"按钮即可将消息发送给对方。

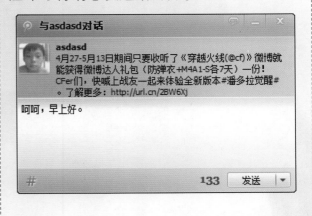

第8章

网上玩游戏

■ **任务播报**

❖ 玩QQ游戏
  ① 下载并安装QQ游戏 ② 玩棋类游戏
  ③ 玩牌类游戏 ④ 玩麻将类游戏

❖ 玩QQ农场游戏
  ① 在QQ空间中添加QQ农场游戏
  ② 玩QQ农场 ③ 玩QQ牧场

❖ 在网页中玩Flash小游戏
  ① 查找提供Flash小游戏的网站
  ② 在网页中打开并玩Flash小游戏

❖ 玩大型网络游戏
  ① 下载与安装《征途》游戏
  ② 登录游戏并创建游戏角色
  ③ 游戏界面介绍 ④ 基本操作方法
  ⑤ 自动寻路和自动打怪

■ **任务达标**

❖ 学会玩QQ游戏
❖ 学会玩QQ农场游戏
❖ 学会在网页中玩Flash小游戏

玩QQ游戏

QQ游戏是腾讯自主研发的全球最大的休闲游戏平台。自2003年面市以来，可提供的游戏类型已逾70款，注册用户有3.5亿，最高同时在线人数超过600万。QQ游戏中有休闲竞技游戏、麻将类游戏、牌类游戏、棋类游戏、其他游戏等几大类。

任务目标 1

→ 任务精讲

1 下载并安装QQ游戏

要玩QQ游戏需要先下载安装QQ游戏客户端，QQ软件中没有集成QQ游戏，下载和安装QQ游戏的具体操作步骤如下。

STEP 01 单击QQ主界面下方的"QQ游戏"按钮。

STEP 02 弹出"在线安装"对话框，单击"安装"按钮开始下载QQ游戏客户端。

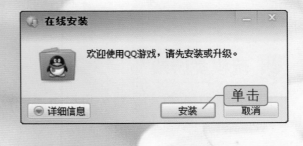

STEP 03 QQ游戏下载完成后，弹出安装向导对话框，单击"下一步"按钮。

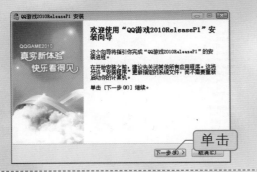

STEP 04 阅读许可证协议，单击"我接受"按钮。

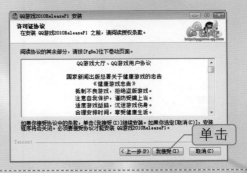

STEP 05 选择软件要安装的位置，单击"安装"按钮。

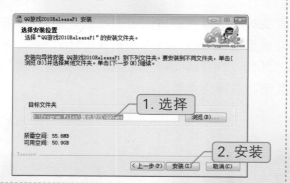

STEP 06 勾选要执行的操作，单击"下一步"按钮开始安装。

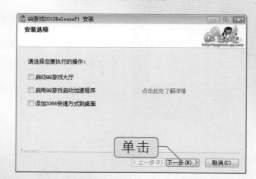

STEP 07 安装完成，单击"下一步"按钮。

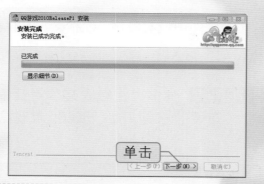

STEP 08 单击"完成"按钮结束安装。

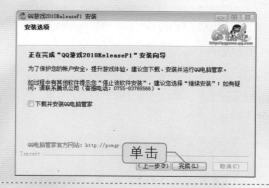

2 | 玩棋类游戏

下面介绍如何在QQ游戏中玩棋类游戏，具体的操作步骤如下。

STEP 01 单击QQ主界面下方的"QQ游戏"按钮启动QQ游戏，启动后会自动登录QQ号码。

STEP 02 在QQ游戏大厅中单击"棋类游戏"类别。

STEP 03 选择要玩的游戏，例如"中国象棋"，单击"中国象棋"右侧的"快速开始"按钮。

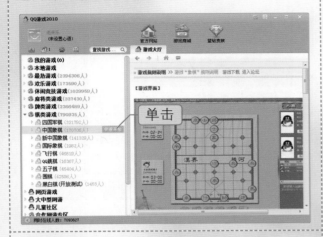

STEP 04 弹出"提示信息"对话框，单击"确定"按钮开始安装"中国象棋"。

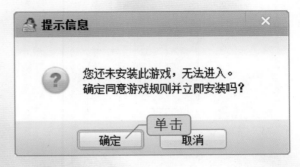

STEP 05 中国象棋安装成功，单击"确定"按钮进入该游戏。

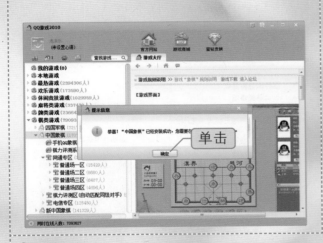

STEP 06 单击一个空位坐下来，如果对面的座位上已经坐上了人，则会立刻进入游戏，如果对面位置是空的，等待有人坐上之后，就会开始进入游戏。

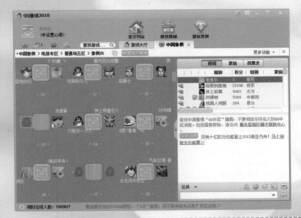

STEP 07 进入中国象棋游戏，单击"开始"按钮进入准备状态，等待对方也进入准备状态后即可开始下棋。

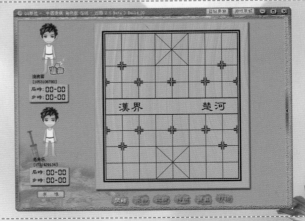

71

STEP 08 在下棋的时候，使用鼠标单击棋子，然后再单击要移动到的位置，棋子就会跳到新的位置上。

STEP 09 一局游戏结束后，系统会弹出对话框告之输赢状况和得分情况，单击"确定"按钮即可重新开始下一局游戏。

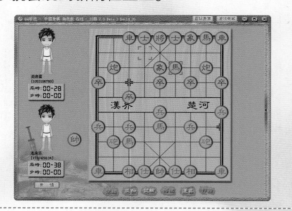 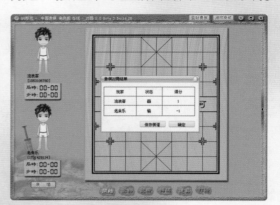

3 玩牌类游戏

下面介绍如何在QQ游戏中玩牌类游戏，具体的操作步骤如下。

STEP 01 在QQ游戏大厅中单击"牌类游戏"类别。

STEP 02 单击要玩的牌类游戏名称，例如"斗地主"，选择要进入的专区，如果是网通用户选择网通专区，游戏时速度会快一些。

STEP 03 单击游戏大区和要进入的普通场，每场只能容纳350人。

STEP 04 单击一个空位坐下来，等待别人加入进来。

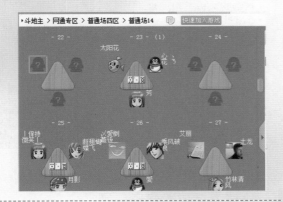

STEP 05 进入斗地主游戏后，单击"开始"按钮进入准备状态，等待其他两位玩家也进入准备状态后即可开始进行游戏。

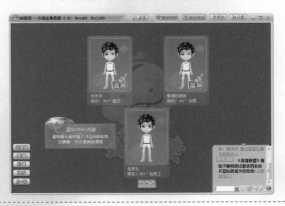

STEP 06 在玩斗地主游戏时，使用鼠标单击要出的牌，然后单击"出牌"按钮即可出牌。单击"提示"按钮，会提示玩家如何出牌。

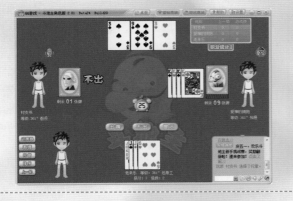

STEP 07 游戏结束后会弹出对话框告知玩家得分情况，单击"确定"按钮即可开始新一局的游戏。

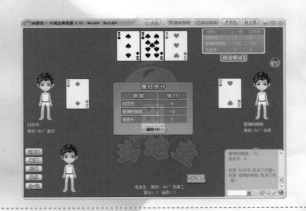

4 玩麻将类游戏

下面介绍如何在QQ游戏中玩麻将类游戏，具体的操作步骤如下。

STEP 01 在QQ游戏大厅中单击"麻将类游戏"类别。

STEP 02 单击要玩的麻将游戏，例如玩"四川麻将"，然后选择进入的专区，再选择大区和普通场。

STEP 03 如果没有安装游戏，会弹出"提示信息"对话框询问用户是否要安装游戏，单击"确定"按钮开始安装游戏。

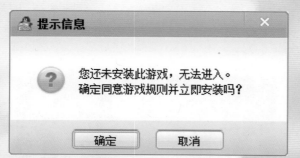

STEP 04 游戏安装成功，单击"确定"按钮进入该游戏。

STEP 05 单击一个空位坐下来，等待其他三个座位都坐上人后，即可进入游戏。

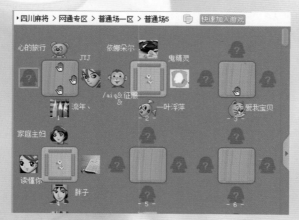

STEP 06 进入游戏后，单击"开始"按钮进入准备状态，等待其他三人都进入准备状态后，即可开始打牌。

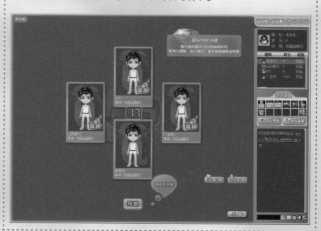

STEP 07 在玩麻将类游戏时，只需要使用鼠标单击要出的牌，即可将牌打出。

STEP 08 一局结束后会弹出"结算"对话框，单击"确定"按钮即可开始新一局的游戏。

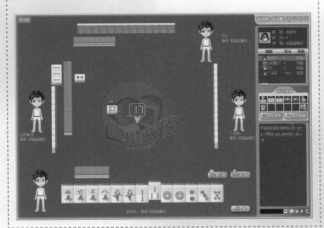

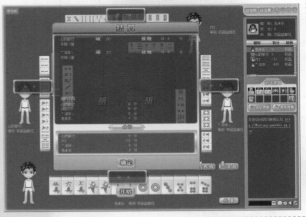

小知识

在QQ游戏平台中还可以玩Flash小游戏、网页游戏及腾讯运营的大型网络游戏。除此之外，还可以在QQ游戏的对战平台中玩《魔兽争霸》和《反恐精灵》之类的竞技游戏。

任务目标 2

玩QQ农场游戏

QQ农场是以农场为背景的模拟经营类游戏。游戏中，玩家扮演一个农场的经营者，完成从购买种子到耕种、浇水、施肥、除草、收获果实再到出售给市场的整个过程。游戏趣味性地模拟了作物的成长过程，所以玩家在经营农场的同时，也可以感受"作物养成"带来的乐趣。

➔ 任务精讲

1　在QQ空间中添加QQ农场游戏

要玩QQ农场游戏，需要进入QQ空间，在QQ空间中添加QQ农场游戏，具体的操作步骤如下。

STEP 01 在QQ主界面上单击"QQ空间信息中心"按钮。

STEP 02 进入QQ空间的个人中心，单击页面左侧的"添加应用"按钮。

STEP 03 找到"QQ农场"游戏，单击"添加"按钮。

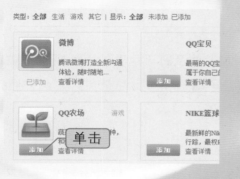

STEP 04 单击"立即添加"按钮即可将"QQ农场"游戏添加进QQ空间。

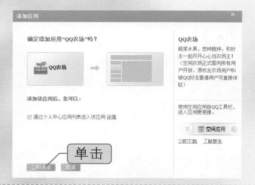

2 玩QQ农场

下面介绍如何玩QQ农场游戏，具体的操作步骤如下。

STEP 01 在QQ空间的个人中心中单击"QQ农场"图标。

STEP 02 进入QQ农场后会先弹出"新手引导"对话框，阅读新手引导，单击"下一页"按钮。

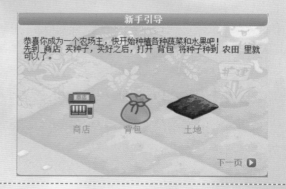

STEP 03 阅读完新手引导后，单击"我明白了"按钮。

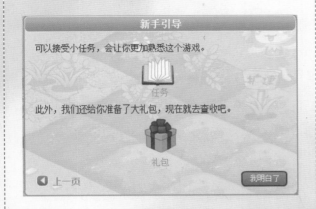

STEP 04 在QQ农场中，单击手形图形，鼠标指针会变成手形，在可摘的作物上单击即可采摘成熟的作物。

STEP 05 单击"铁铲"按钮，鼠标指针会变成一个铁铲，在需要锄的地上单击即可将枯萎的作物铲去。

STEP 06 单击"包裹"按钮，单击要种植的种子，然后再在空地上单击即可将种子种到空地上。

STEP 07 如果地里长有杂草，可以单击"工具箱"按钮，然后单击"除草剂"图标，这时鼠标会变成除草剂的形状。

STEP 08 在杂草上单击即可除去杂草。

STEP 09 在QQ农场中展开QQ好友列表，如果有好友的作物成熟了，会在好友昵称后显示一个手形图标。

STEP 10 单击带有手形图标的好友昵称进入好友的农场。

STEP 11 好友的QQ农场显示有可摘的作物，这时可以偷摘对方的作物，单击手形图标，然后在作物上单击来采摘作物。

STEP 12 在采摘作物时，单击黄色的手形图标，可以实现一键摘取所有作物。

STEP 13 在好友列表中如果显示有杂草的图标，可以进入对方的农场帮对方除草。

STEP 14 帮好友除草或杀虫可以得到积分奖励，QQ农场的等级越高，可种植的田地就越多。

3 玩QQ牧场

　　QQ牧场是一款以牧场为背景的模拟经营类游戏。它是延伸QQ农场种植互动后的养殖操作，玩家同样扮演的是一个牧场的经营者，完成从购买幼仔、生产、除害、收获农副产品和整只动物，再到出售给市场和捐赠动物的整个过程，在这里玩家可以体验农、林、牧、渔自给自足的快乐生活。下面介绍如何玩QQ牧场游戏，具体的操作步骤如下。

STEP 01 在QQ农场中单击"牧场"图标进入QQ牧场。

STEP 02 弹出提示对话框，单击"确定"按钮开通QQ牧场。

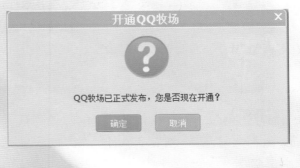

STEP 03 刚开通QQ牧场时，会像QQ农场一样弹出"新手引导"对话框，阅读新手引导，一直单击"下一页"按钮。

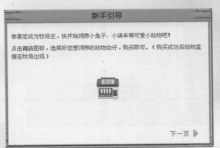

STEP 04 阅读完新手引导后单击"明白了"按钮。

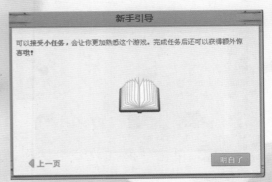

STEP 05 如果一个动物的头顶上显示有"可收获"的提示，则可单击手形图标，此时鼠标指针会变成手形，在可收获的动物身上单击，即可收获动物提供的毛皮或蛋类。

STEP 06 如果一个动物的头顶上显示 "可生产" 的提示，则可使用将动物拖曳到箭头指向的生产区域进行生产。

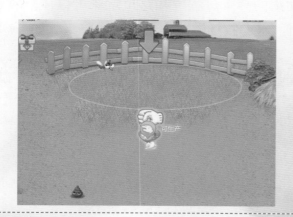

STEP 07 如果牧场里有动物的粪便，则可单击扫帚图标，当鼠标指针变成一个扫帚形状时，在粪便上单击即可清理粪便。

STEP 08 单击牧场右上角的 "商店" 按钮，可以领养动物的幼仔、食物等。单击要领养的动物幼仔。

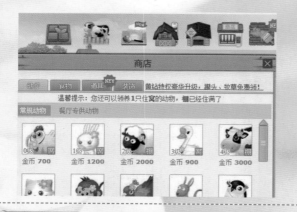

STEP 09 输入要领养的幼仔数量，单击 "确定" 按钮完成领养。

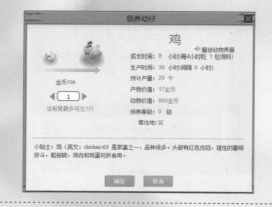

STEP 10 单击 "添加牧草" 按钮，向动物提供食物。

STEP 11 输入要添加的牧草数量，单击 "确定" 按钮。如果牧草不够，可以在QQ农场中种植。

STEP 12　展开QQ好友列表，如果好友昵称后面显示有手形图标，则表示对方有可收获的动物。单击对方的昵称进入对方的牧场。

STEP 13　偷取好友可收获的羊毛。

STEP 14　如果对方的牧场内有蚊子，可以单击"蚊拍"按钮，当鼠标指针变成蚊拍形状时，在蚊子上单击即可拍死蚊子。

STEP 15　单击"放蚊子"按钮，可以给好友的牧场里放一些蚊子。

STEP 16　拍打蚊子和清理粪便都可以增长积分，所以放点蚊子给好友拍打，可以帮助对方增长一些积分。

在网页中玩Flash小游戏

Flash是使用Flash软件制作、放在网站上供大家休闲娱乐的游戏。Flash小游戏可以让人在工作和学习之余能有片刻的放松和休闲，玩这类游戏不用花费太多的时间和精力，是中老年人的首选娱乐方式。

➔ 任务精讲

1 查找提供Flash小游戏的网站

提供Flash小游戏的网站有很多，下面介绍如何使用百度搜索引擎搜索提供Flash小游戏的网站，以及如何在hao123.com导航网站上查找Flash小游戏，具体的操作步骤如下。

STEP 01 打开百度主页，输入关键词"小游戏"，单击"百度一下"按钮。

STEP 02 在搜索结果中筛选符合要求的网站，单击标题链接即可进入小游戏网站玩Flash小游戏。

STEP 03 打开hao123.com网站，单击"游戏"类别。

STEP 04 在"休闲游戏"类别下显示的都是小游戏网站,单击网站标题即可进入相应的小游戏网站。

2 在网页中打开并玩Flash小游戏

下面介绍如何在网页中打开并玩Flash小游戏,具体的操作步骤如下。

STEP 01 在百度搜索结果中单击要打开的网站标题,例如打开"2144小游戏"网站。

STEP 02 打开"2144小游戏"网站后,单击要玩的游戏名称,例如要玩"连连看",只需要单击"连连看"链接。

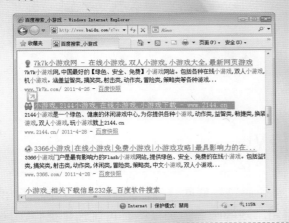

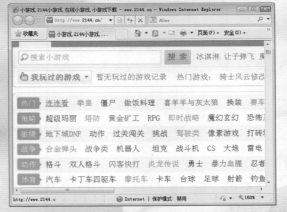

STEP 03 "连连看"类的游戏有很多,单击要玩的游戏名称,例如单击"水晶连连看"链接。

STEP 04 进入"水晶连连看"游戏，开始加载游戏，向下拖动滚动条，阅读此游戏的操作指南。

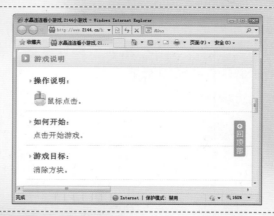

STEP 05 游戏加载完成后，单击"开始游戏"按钮开始玩"水晶连连看"游戏。

STEP 06 在玩游戏时，按照游戏规则，鼠标分别单击两个相同的水晶球，则消除图片，把图片全部消除完就过关了。

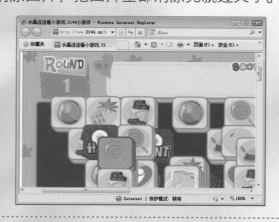

任务目标 4 玩大型网络游戏

大型网络游戏是指玩家必须通过互联网连接来进行的多人游戏，相比Flash小游戏，大型网络游戏的画面更加精美，可玩性也更强，只需要简单的学习，就可以轻松掌握玩法。

➡ 任务精讲

1 下载与安装《征途》游戏

大型网络游戏的玩法大致相同，下面以《征途》游戏为例介绍如何玩大型网络游戏。首先介绍如何下载和安装《征途》游戏，具体的操作步骤如下。

STEP 01 打开《征途》的官方网站 http://zt.ztgame.com，然后单击"下载中心"链接。

STEP 02 进入客户端下载页面，单击"点这里开始BT下载"链接下载游戏的BT种子。

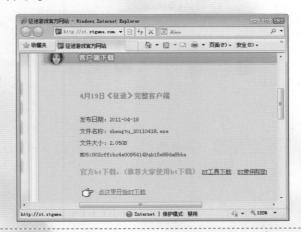

STEP 03 弹出"文件下载"提示框，单击"保存"按钮。

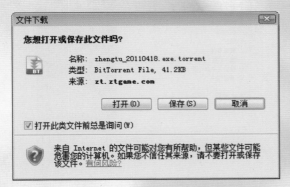

STEP 04 选择BT种子的保存位置，单击"保存"按钮。

STEP 05 种子下载完成，单击"打开"按钮，使用迅雷加载BT种子来下载游戏。

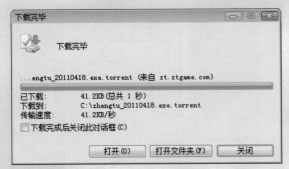

STEP 06 弹出迅雷的"新建BT任务"对话框，选择游戏客户端的保存位置，然后单击"立即下载"按钮。

STEP 07 游戏客户端下载完成后，双击客户端图标启动安装向导。

STEP 08 弹出安装向导，阅读安装协议，单击"接受"按钮。

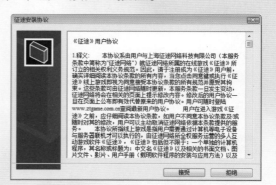

STEP 09 选择游戏的安装位置，单击"安装"按钮开始进行安装。

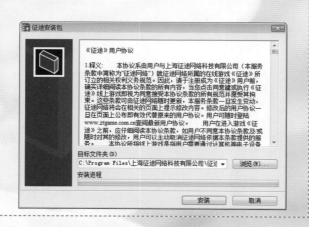

STEP 10 游戏安装完成后，可以单击"开始"按钮，在弹出的菜单中单击《征途》游戏的启动图标和名称即可打开游戏的登录界面。

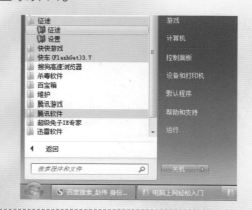

2 登录游戏并创建游戏角色

游戏安装完成后，需要创建一个游戏账号来登录游戏，具体的操作步骤如下。

STEP 01 启动《征途》游戏的登录界面，单击"账号注册"按钮，注册一个游戏账号。

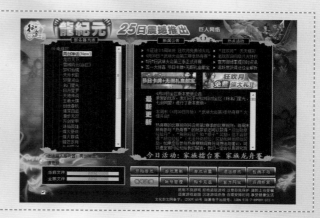

STEP 02 弹出游戏注册页面，输入要注册的通行证账号、密码、真实姓名及身份证号码。

STEP 03 向下拖动滚动条，接着设置密码保护资料，输入数字密码和安全邮箱，以及验证码，最后单击"提交"按钮。

STEP 04 账号注册成功，关闭注册页面。

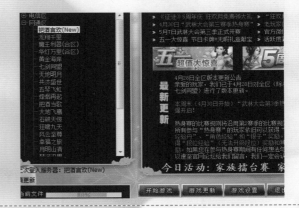

STEP 05 返回到游戏登录界面，选择要玩的游戏大区，接着单击要玩的服务器名称，最后单击"开始游戏"按钮。

STEP 06 输入注册的游戏账号和密码，单击"登录"按钮。

STEP 07 单击"创建"按钮，创建一个游戏角色。

STEP 08 选择游戏的肖像，输入游戏角色名，选择性别。

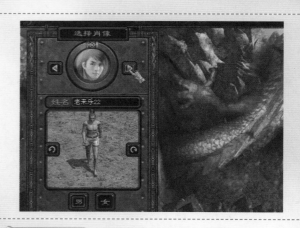

STEP 09 选择发型、发色及所属国家，最后单击"完成"按钮结束创建。

STEP 10 游戏角色创建完成。

3　游戏界面介绍

下面开始进入游戏，对游戏的界面进行简单的介绍。

STEP 01 创建游戏角色后，单击"进入游戏"按钮进入游戏。

STEP 02 进入游戏后，首先映入眼帘的是游戏界面的各种按钮和图标。

STEP 03 在游戏界面的左上角是个人头像，个人头像的红色圆环是生命值，蓝色的是法术值。

STEP 04 在游戏界面的右侧是"好帮手"按钮，单击"好帮手"按钮会显示下拉菜单。

STEP 05 单击"好帮手"下的不同菜单，可以得到不同的服务。

STEP 06 在游戏界面的右侧是提示按钮和电台按钮，绿色的文字是所属国家的公告信息。

STEP 07 在界面的左下方是聊天信息区域和快捷键区域。

STEP 08 在界面的右下方是系统设置按钮和一些操作按钮，如挂机、技能、包裹、打坐等按钮。

4 基本操作方法

了解了游戏界面后，下面介绍《征途》游戏的基本操作方法，让中老年玩家轻松地融入游戏的氛围中。

STEP 01 在游戏画面中，玩家所控制的角色位于屏幕中央位置附近。移动位置时，只需将鼠标移动到想到达的地方，按一下左键即可，按住鼠标左键不放，可以按照鼠标方向一直行走。

STEP 02 地面有掉落的物品时，走到该物品旁，鼠标变成手形状，单击鼠标左键即可拾取。按住"~"键可以自动拾取物品。

STEP 03 单击屏幕下方快捷图标栏的"包裹"图标或按快捷键"B"，打开"包裹"界面。将鼠标移到道具栏中的某个物品上，单击鼠标右键使用该道具。

STEP 04 选定"包裹"中的某个物品，单击鼠标左键可以抓起该物品，将其拖到道具背包外，再次单击鼠标左键系统会提示"是否将物品销毁"，单击"确定"按钮即可，销毁后物品消失。

STEP 05 使用鼠标左键单击屏幕下方快捷图标栏中的"打坐"图标或按快捷键"D"，进入打坐状态。在打坐状态下，可以加快你的生命值和法术值的回复速度。再次单击"打坐"图标或者按快捷键"D"或单击鼠标使人物移动都可以取消打坐状态。

STEP 06 使用鼠标左键单击目标，即可对目标进行普通攻击。使用鼠标右键单击目标，对其进行技能攻击。玩家可以通过"F1~F12"或"0~9"快捷键迅速切换魔法。

STEP 07 将鼠标停留在NPC身上，单击鼠标左键即可与其对话或者购买物品。

STEP 08 使用鼠标右键单击其他玩家的头像可以选择跟随、对话、交易、普通组队、观察等功能。

STEP 09 按"V"键可以打开技能窗口，在这里玩家可以查询自己剩余的技能点数和技能信息。使用鼠标左键单击技能图标并按住不放，就可以拖动该技能到快捷栏里方便玩家使用。如果有剩余的技能点数，使用鼠标右键单击技能图标可以对该技能进行升级。

STEP 10 按回车键，可以开启聊天信息输入框，选择要发言的频道，然后输入消息内容，接着按回车键即可将消息发布出去。有些频道需要达到一定的等级才能使用。例如达到120级才能在"世界"频道里发言。

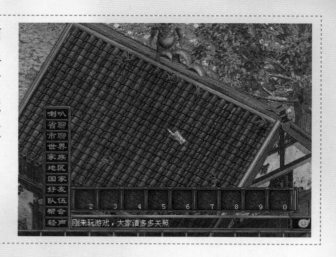

小知识

NPC是 "非玩家控制角色"的缩写，这个概念最早起源于单机版游戏，逐渐延伸到整个游戏领域。举个简单的例子，玩家在买卖物品的时候需要单击的那个商人就是NPC，还有做任务时需要对话的人物等都属于NPC。

5 自动寻路和自动打怪

下面介绍如何自动寻路和自动打怪，让中老年玩家摆脱重复无聊的练级。

STEP 01 按"F"键打开"附近玩家"界面，切换到NPC一栏。该地图中所有NPC名称将显示在"附近玩家"界面的NPC一栏列表里。双击想要寻找的NPC名字，即可自动行走到NPC身边。

STEP 02 按"M"键打开游戏大地图，鼠标单击大地图可走到的地点，即自动行走到该指定点。

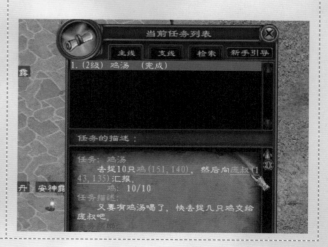

STEP 03 单击"挂机"按钮，打开"全自动辅助系统"界面。

STEP 04 勾选"开启挂机"复选框，设置挂机的技能和生命魔法保护，设置完成后单击"保存设置"按钮，游戏角色即会开始进行自动打怪。

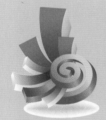

互动练习

按照下面的步骤提示，打开网页，自己动手玩网页游戏《大汉传奇》。

STEP 01 打开一个IE窗口，打开《大汉传奇》的游戏网站http://dhcq.4399.com，然后单击"账号注册"按钮。

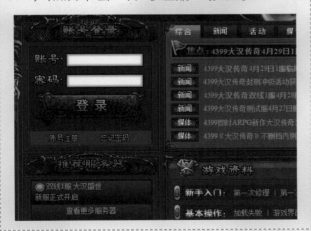

STEP 02 填写注册账号的个人资料，单击"确定"按钮完成注册。

STEP 03 账号注册成功后，会自动进行登录，单击"进入游戏"按钮。

STEP 04 单击要玩的游戏服务器。

STEP 05 进入创建游戏角色界面，选择游戏职业，输入角色名，单击"开始游戏"按钮。

STEP 06 进入游戏，单击"新手引导"NPC头顶上的问号。

STEP 07 接受新手引导任务，按照任务提示了解游戏的玩法。

STEP 08 在野外的动物身上单击，即可攻击动物。动物被杀死后，会掉落金钱和物品，还可获得升级所需的经验值。

Chapter Nine

第9章

通过网络缴费

任务播报

❖ 认识网上银行

❶ 网上银行简介 ❷ 开通网上银行

❖ 网上缴电话费

❶ 为移动手机缴费 ❷ 为联通电话缴费

❸ 为电信电话缴费

❖ 网上缴水电气费

❶ 使用网上银行缴水电气费

❷ 使用支付宝缴水电气费

❖ 网上缴宽带费

❶ 为电信宽带缴费 ❷ 为联通宽带缴费

任务达标

❖ 学会在网上缴电话费

❖ 学会在网上缴水电气费

❖ 学会在网络上缴宽带费

认识网上银行

随着社会的发展，中老年人使用电脑的机会越来越多，电脑也成了中老年朋友生活中不可缺少的一部分。那么，在我们的工作和生活中电脑能够带给我们哪些帮助呢？下面就为大家介绍一下电脑能够做些什么。

→ 任务精讲

1 网上银行简介

网上银行又称网络银行、在线银行，是指银行利用Internet技术，通过Internet向客户提供开户、销户、查询、对账、行内转账、跨行转账、信贷、网上证券、投资理财等传统服务项目，使客户可以足不出户就能够安全便捷地管理活期和定期存款、支票、信用卡及个人投资等。可以说，网上银行是在Internet上的虚拟银行柜台。

网上银行的特点主要有以下4点。

（1）全面实现无纸化交易。

以前使用的票据和单据大部分被电子支票、电子汇票和电子收据所代替；原有的纸币被电子货币，即电子现金、电子钱包、电子信用卡所代替；原有纸质文件的邮寄变为通过数据通信网络进行传送。

（2）服务方便、快捷、高效、可靠。

通过网络银行，用户可以享受到方便、快捷、高效和可靠的全方位服务。任何需要的时候都可使用网络银行的服务，不受时间、地域的限制，即实现3A服务（Anywhere, Anyhow, Anytime）。

（3）经营成本低廉。

由于网络银行采用了虚拟现实信息处理技术，网络银行可以在保证原有的业务量不降低的前提下，减少营业点的数量。

（4）简单易用。

网上E-mail通信方式非常灵活方便，便于客户与银行之间及银行内部的沟通。

2 开通网上银行

下面以开通工商银行（www.icbc.com.cn）的网上银行为例介绍如何开通网上银行，具体的操作步骤如下。

STEP 01 打开工商银行的主页，单击"个人网上银行登录"按钮下方的"注册"链接。

STEP 02 阅读网上自助注册须知，单击"注册个人网上银行"按钮。

网上自助注册须知

财金账户卡、工银财富卡、信用卡、贷记卡、国际卡、商务卡客

户查询、网上购物支付等服务。

能注册一张卡。如果您需要在网上银行中增加新的牡丹卡，请携带本人身份证件及注册卡

行对外转账、个人汇款、代缴学费等功能，请携带本人身份证件及注册卡到工商银行营业

业网点指定对外转账的"约定账户"（即只能向"约定账户"转账，最多可设定10个"约

STEP 03 输入自己工商银卡的账号和账户密码，再输入验证码，单击"提交"按钮。

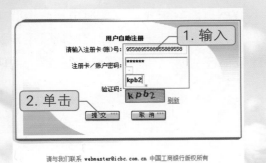

STEP 04 填写个人资料和设置网上银行的登录密码，单击"提交"按钮。

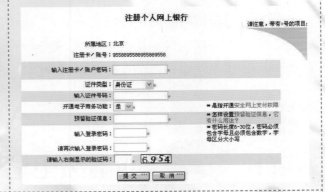

STEP 05 单击"确定"按钮完成注册。

STEP 06 注册完成之后，返回到工商银行的首页，单击"个人网上银行登录"按钮。

STEP 07 输入银行卡号、网上银行的登录密码及验证码，单击"登录"按钮登录网上银行。

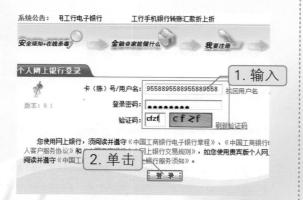

STEP 08 网上银行登录成功。

小知识

USB Key是一种USB接口的硬件设备。它内置单片机或智能卡芯片，有一定的存储空间，可以存储用户的私钥及数字证书，利用USB Key内置的公钥算法实现对用户身份的认证。由于用户私钥保存在密码锁中，理论上使用任何方式都无法读取，因此保证了用户认证的安全性。工商银行的USB Key叫"U盾"，建设银行的叫"网银盾"，农业银行的叫"K宝"。

任务目标 2 网上缴电话费

在网上只需要单击几下鼠标就可以轻松地给电话缴费，再也不用去买充值卡或跑到服务柜台去排队缴费了。

→ 任务精讲

1 为移动手机缴费

下面介绍如何为移动手机缴费，具体的操作步骤如下。

STEP 01 打开中国移动（www.10086.cn）的主页，单击页面顶端的"切换省"按钮，选择所在的省份。

STEP 02 输入手机号和服务密码及附加码，单击"登录"按钮登录移动的网上营业厅。

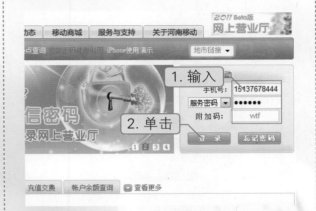

STEP 03 网上营业厅登录成功后，可以查看到自己的账户余额。

STEP 04 单击页面左侧的"话费服务"选项卡，选择"充值交费"下的"银行卡充值"选项。

STEP 05 输入要缴费的手机号码，可以为自己充值也可以给别人充值，输入要缴费的金额，单击"确认"按钮。

STEP 06 确认订单，单击"确定"按钮。

STEP 07 选择要使用的网上银行，单击"确认支付"按钮。

STEP 08 输入银行卡号和页面显示的验证码，单击"提交"按钮。

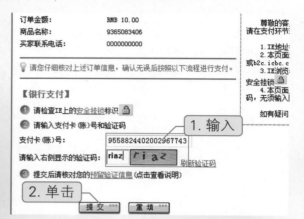

STEP 09 查看显示的预留信息与自己在网上银行的预留信息是否相符，单击"全额付款"按钮。

STEP 10 输入口令卡密码、网银登录密码及验证码，单击"提交"按钮确认支付。

STEP 11 支付成功，单击"到商城取货"链接。

STEP 12 进入提示页面，显示缴费成功，单击"关闭"按钮，关闭页面。

STEP 13 返回到移动的网上营业厅，查看自己的账户余额。

小知识

　　电子银行口令卡相当于一种动态的电子银行密码。口令卡上以矩阵的形式印有若干字符串，客户在使用电子银行（包括网上银行或电话银行）进行对外转账、B2C购物、缴费等支付交易时，电子银行系统就会随机给出一组口令卡坐标，客户根据坐标从卡片中找到口令组合并输入电子银行系统。只有当口令组合输入正确时，客户才能完成相关交易。这种口令组合是动态变化的，使用者每次使用时输入的密码都不一样，交易结束后即失效，从而杜绝了不法分子通过窃取客户密码盗窃资金，保障电子银行安全。

2　为联通电话缴费

　　联通的服务包含手机、固定电话和宽带等，下面以使用银行卡为联通的手机充值为例进行介绍，具体的操作步骤如下。

STEP 01 打开中国联通的主页（www.10010.com）。

STEP 02 单击"交费充值"菜单，在下拉菜单中选择"用银行卡为手机充值"选项。

STEP 03 输入要充值的联通手机号码、交费金额及验证码，单击"下一步"按钮。

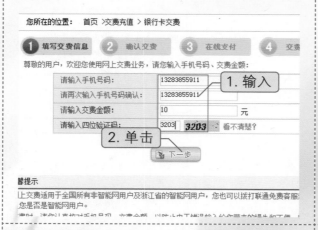

STEP 04 确认订单是否有误，如果无误，单击"确认交费"按钮。

STEP 05 选择要使用的网上银行名称。

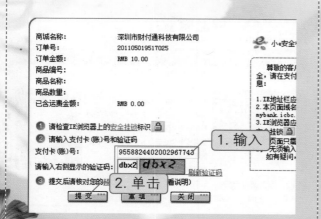

STEP 06 单击"确认支付"按钮。

STEP 07 输入银行卡账号和验证码，单击"提交"按钮。

STEP 08 查看显示的预留信息与自己在网上银行的预留信息是否相符，单击"全额付款"按钮。

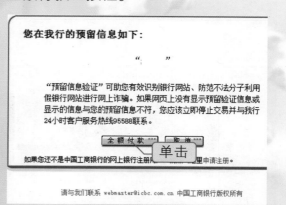

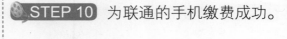

STEP 09 输入口令卡密码、网银登录密码及验证码，单击"提交"按钮。

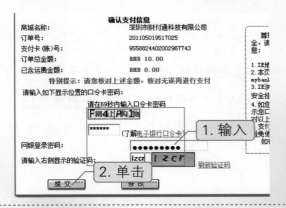

STEP 10 为联通的手机缴费成功。

3 为电信电话缴费

电信的业务包含手机、固定电话及宽带服务，下面以使用银行卡为电信的手机缴费为例进行介绍，具体的操作步骤如下。

STEP 01 打开中国电信的主页（www.ct10000.com），单击要缴费的地区。

STEP 02 切换到缴费地区后，单击页面右侧的"充值"按钮。

STEP 03 选择要充值的地区和号码类型，输入要充值的号码。

STEP 04 单击"网上银行交费"按钮。

银行卡交费更划算，存50得51，存100得102，存200得205！ 查看详情>>
"网厅交费 '德' '财' 兼备"抽奖活动火热进行中 查看详情>>

地　　区：乐山
号码类型：手机 * 请选择您要充值的号码类型。
充值号码：13350750578 * 请输入充值号码，不加区号。
获取您的号码信息成功，您正在为乐山地区13350750578号码交费！
确认号码：13350750578 * 请再次确认您的充值号码。

| 11888卡交费 | 96333卡交费 | 网上银行交费 | 支付宝 |

STEP 05 输入要充值的金额，选择要使用的银行，单击"确认交费"按钮。

充值金额：10 * 充值交费金额单位为元，请输入正整

○ 中国建设银行 China Construction Bank
○ 招商银行 CHINA MERCHANTS BANK
○ 中国农业银行 AGRICULTURAL BANK OF CHINA
○ 成都银行 BANK OF CHENGDU
◉ 中国工商银行 INDUSTRIAL AND COMMERCIAL BANK OF CHINA
○ 交通银行 BANK OF COMMUNICATIONS

☑ 我已经看过并同意 《中国电信四川网上营业厅使用协议》

| 确认交费 | 交费记录查询 |

STEP 06 弹出提示对话框，单击"确定"按钮。

来自网页的消息 ✕

❓ 您正在为乐山地区13350750578号码交费10元。

| 确定 | 取消 |

STEP 07 输入银行卡号和验证码，单击"提交"按钮。

商城名称：　中国电信四川公司网上营业厅
订单号：　DEP00833201105793852
订单金额：　RMB 10.00
商品编号：　T00001
商品名称：　四川电信话费充值
商品数量：　1
已含运费金额：　RMB 0.00

➊ 请检查IE浏览器上的安全挂锁标识 🔒
➋ 请输入支付卡(账)号和验证码
支付卡(账)号：　9558824402002967743
请输入右侧显示的验证码：448h **448h** 刷新验证码
➌ 提交后请核对您的预留验证信息(点击查看说明)

| 提 交 | 重 填 |

　小e安全...
尊敬的客户...
全，请在支付...
息：
1.IE地址栏应...
本页面或名...
mybank.icbc...
3.IE浏览器应...
安全挂锁 🔒
4.本页面只需...
码，无须输入...
如有疑问...

STEP 08 查看显示的预留信息与自己在网上银行的预留信息是否相符，单击"全额付款"按钮。

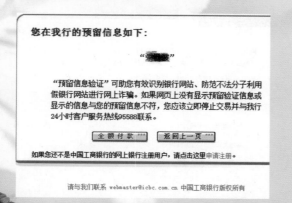

您在我行的预留信息如下：

"预留信息验证"可助您有效识别银行网站、防范不法分子利用假银行网站进行网上诈骗。如果网页上没有显示预留验证信息或显示的信息与您的预留信息不符，您应该立即停止交易并与我行24小时客户服务热线95588联系。

| 全 额 付 款 | 返 回 上 一 页 |

如果您还不是中国工商银行的网上银行注册用户，请点击这里申请注册。

请与我们联系 webmaster@icbc.com.cn 中国工商银行版权所有

STEP 09 输入口令卡密码、网银登录密码及验证码，单击"提交"按钮。

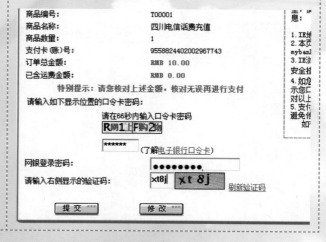

商品编号：　T00001
商品名称：　四川电信话费充值
商品数量：　1
支付卡(账)号：　9558824402002967743
订单总金额：　RMB 10.00
已含运费金额：　RMB 0.00

特别提示：请您核对上述金额，核对无误再进行支付
请输入如下显示位置的口令卡密码：

请在66秒内输入口令卡密码
R网1上F购2易
***** (了解电子银行口令卡)
网银登录密码：●●●●●●●●
请输入右侧显示的验证码：xt8j **xt8j** 刷新验证码

| 提 交 | 修 改 |

　　主..
　息：
1.IE地...
2.本页...
mybank...
3.IE浏...
安全挂...
4.如您...
示您口...
对以上...
5.支付...
避免他...
如...

STEP 10 为电信的手机缴费成功。

支付成功

订单号：　　　DEP0083320110S793852

交易流水号为：HFG0000009558824402002967743

任务目标 3 网上缴水电气费

很多一线城市和二线城市都可以在网上缴水电气费，中老年人可以使用网上银行进行缴费，也可以使用支付宝进行缴费，操作方法简单快捷。

→ 任务精讲

1 使用网上银行缴水电气费

下面以使用中国工商银行的网上银行为例介绍如何使用网上银行缴水电气费，具体的操作步骤如下。

STEP 01 打开中国工商银行的主页，单击"个人网上银行登录"按钮，登录网上银行。

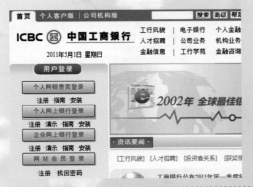

STEP 02 输入银行卡账号、登录密码及验证码，单击"登录"按钮。

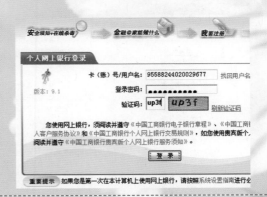

STEP 03 登录工商银行的网上银行之后，单击类目中的"缴费站"链接。

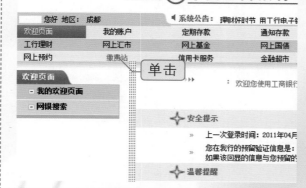

ICBC 🏛 中国工商银行

您好 地区：成都		◀系统公告：理财财时节 用工行电子钱
欢迎页面	我的账户	定期存款	通知存款
工行理财	网上汇市	网上基金	网上国债
网上预约	缴费站	信用卡服务	金融超市

单击

欢迎页面
- 我的欢迎页面
- 网银搜索

：欢迎您使用工商银行

✦安全提示

» 上一次登录时间：2011年04月
您在我们的预留验证信息是：
如果该显的信息与您预留的

✦温馨提醒

STEP 04 在缴费类型中选择"公共事业费"选项。

缴费产品

缴费类型 [公共事业费 ▼] 省/直辖市 [四川 ▼]
关键字：

-全部-
报刊费
信息通讯费
公共事业费   选择
房租物业费
车船费
罚没款项
税费
学校学杂费
保险费
日常物品预订费
公益捐款
其他缴费项目

序号		缴费项目及说明
1		福利彩票投注账户开户（全国）推荐
2		移动话费
3		电信ADSL费
4		手机充值（全国）推荐
5		缴电信CDMA话费
6		福利彩票投注账户充值（全国）
7		移动手机支付现金账户充值（全国）
8		福利彩票投注账户查询（全国）
9	公共事业费	缴电费
10	信息通讯费	移动手机支付现金账户充值明细查询（全国
11	公共事业费	煤气费
12	其他缴费项目	福利彩票重置投注密码（全国）
13	信息通讯费	手机充值明细查询（全国）推荐

STEP 05 选择要缴费的省份和城市。

省/直辖市 [四川 ▼]   地区/市 [成都 ▼]

缴费项目及说明	企业所在地区
福利彩票投注账户开户（全国）推荐	上海
移动话费	成都
电信ADSL费	成都
手机充值（全国）推荐	深圳
缴电信CDMA话费	成都
福利彩票投注账户充值（全国）推荐	上海
移动手机支付现金账户充值（全国）推荐	长沙
福利彩票投注账户查询（全国）	上海
缴电费	成都
移动手机支付现金账户充值明细查询（全国）推荐	长沙
煤气费	成都
福利彩票重置投注密码（全国）	上海
手机充值明细查询（全国）推荐	深圳
成都中小学学费	成都

STEP 06 单击"查询"按钮筛选符合要求的缴费选项。

地区/市 [成都 ▼]   [查询]

可输入缴费项目名称及关键字进行模糊查询

企业所在地区	企业名称
上海	电话银行福利彩票
成都	四川省移动公司
成都	成都市电信局
深圳	深圳市年年卡网络科技有限公司
成都	成都电信分公司
上海	电话银行福利彩票
长沙	中国移动通信集团湖南有限公司电子商务
上海	电话银行福利彩票
成都	四川电力
长沙	中国移动通信集团湖南有限公司电子商务
成都	成都煤气费
上海	电话银行福利彩票
深圳	深圳市年年卡网络科技有限公司

STEP 07 在筛选出的结果中可以看到，有缴电费、缴气费及缴水费的选项。

缴费产品

缴费类型 [公共事业费 ▼]   省/直辖市 [四川 ▼]
关键字：

序号	缴费类型	缴费项目及说明
1	公共事业费	缴电费
2	公共事业费	煤气费
3	公共事业费	邛峡电费
4	公共事业费	公积金基本信息查询项目已转到分行特
5	公共事业费	公积金缴存余额查询项目已转到分行特
6	公共事业费	水费
7	公共事业费	公积金贷款余额查询项目已转到分行特
8	公共事业费	公积金存明细查询项目已转到分行特
9	公共事业费	公积金贷款明细查询项目已转到分行特
10	公共事业费	兴网互动电视业务服务费
11	公共事业费	兴网数字电视节目点播费用代收六
12	公共事业费	兴网数字电视节目点播费用代收六
13	公共事业费	兴网数字电视节目点播费用代收七
14	公共事业费	兴网数字电视节目点播费用代收三

STEP 08 选择要缴费的种类，单击右侧的"缴费"链接，例如缴煤气费，单击"煤气费"选项右侧的"缴费"链接。

企业名称	操作
四川电力	缴费 加入常用
成都煤气费	缴费 加入常用
四川邛峡供电有限责任公司	缴费 加入常用
成都住房公积金管理中心	缴费 加入常用
成都住房公积金管理中心	缴费 加入常用
成都市自来水公司	缴费 加入常用
成都住房公积金管理中心	缴费 加入常用
成都住房公积金管理中心	缴费 加入常用
成都市兴网传媒有限责任公司	缴费 加入常用
成都市兴网传媒有限责任公司	缴费 加入常用
成都市兴网传媒有限责任公司	缴费 加入常用
成都市兴网传媒有限责任公司	缴费 加入常用
成都市兴网传媒有限责任公司	缴费 加入常用
成都市兴网传媒有限责任公司	缴费 加入常用

单击

STEP 09　输入自己家的煤气费缴费号码，单击"提交"按钮。

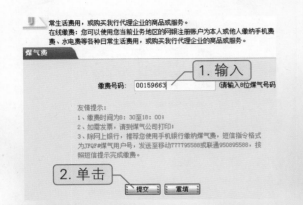

STEP 10　选择是否将本次缴费项目设为常用缴费项目，然后单击"下一步"按钮。

STEP 11　页面显示欠费的金额，单击"提交"按钮。

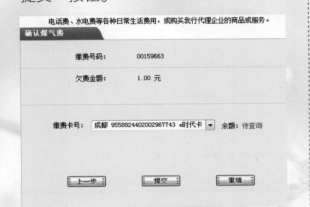

STEP 12　输入口令卡密码和验证码，单击"提交"按钮缴纳欠费金额。

2　使用支付宝缴水电气费

下面介绍如何使用支付宝来缴水电气费，具体的操作步骤如下。（关于开通支付宝的介绍请翻阅下一章的内容。）

STEP 01　打开支付宝的首页（www.alipay.com），输入自己的支付宝账号和密码，单击"登录"按钮。

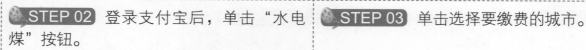

STEP 02 登录支付宝后，单击"水电煤"按钮。

STEP 03 单击选择要缴费的城市。

STEP 04 选择要缴费的项目，例如缴燃气费，单击"燃气费"右侧的"立即缴费"按钮。

STEP 05 输入燃气费的户号，单击"下一步"按钮。

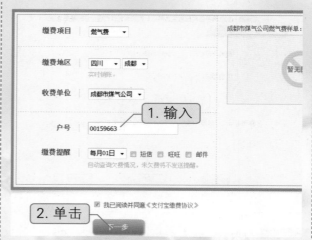

STEP 06 页面显示要缴费的欠费金额，单击"下一步"按钮。

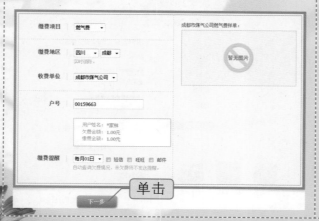

STEP 07 单击"确认支付"按钮。

STEP 08 输入支付宝的支付密码，单击"确认付款"按钮使用支付宝余额进行缴费。

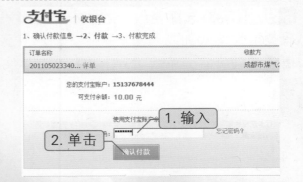

任务目标 4 网上缴宽带费

目前国内的宽带服务主要由电信和联通提供。目前电信和联通都开通了网上缴纳宽带费的服务，中老年人不需要出门就可以进行在线缴费，再也不用担心网络会随时被断开了。

→ 任务精讲

1 为电信宽带缴费

下面介绍如何为电信宽带缴费，具体的操作步骤如下。

STEP 01 打开中国电信的主页（www.ct10000.com），单击选择要缴宽带的地区。

STEP 02 切换到要缴费的地区后，单击"自动服务"菜单，在下拉菜单中选择"充值交费"选项。

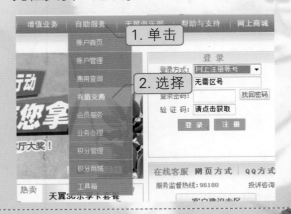

STEP 03 选择要缴费的城市，选择号码类型为"ADSL或社区宽带"，输入要充值的宽带号码，单击"网上银行交费"按钮。

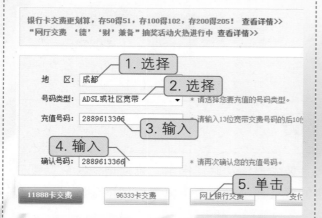

STEP 04 输入充值金额，选择要使用的网上银行名称，单击"确认交费"按钮。

STEP 05 输入银行卡号和验证码，单击"提交"按钮。

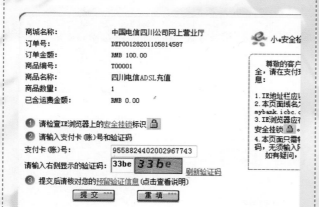

STEP 06 查看显示的预留信息与自己在网上银行的预留信息是否相符，单击"全额付款"按钮。

您在我行的预留信息如下：

" "

"预留信息验证"可助您有效识别银行网站、防范不法分子利用假银行网站进行网上诈骗。如果网页上没有显示预留验证信息或显示的信息与您的预留信息不符，您应该立即停止交易并与我行24小时客户服务热线95588联系。

全额付款 ****　返回上一页 ****

如果您还不是中国工商银行的网上银行注册用户，请点击这里申请注册。

请与我们联系 webmaster@icbc.com.cn 中国工商银行版权所有

STEP 07 输入口令卡密码、网银登录密码及验证码，单击"提交"按钮确认支付。

STEP 08 为电信宽带缴费成功。

> **支付成功**
>
> 订单号：　　DEP00128201105814587
> 交易流水号为：HFG0000009558824402002967743
>
> 请与我们联系 webmaster@icbc.com.cn

2　为联通宽带缴费

下面介绍如何为联通宽带缴费，具体的操作步骤如下。

STEP 01 打开中国联通的首页（www.10010.com），单击"交费充值"菜单，在下拉菜单中选择"用银行卡为固话、小灵通、宽带交费"选项。

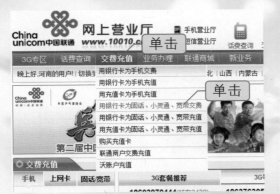

STEP 02 选择"宽带（ADSL）"单选项，选择所在的省份和城市，输入宽带编码和验证码，单击"下一步"按钮。

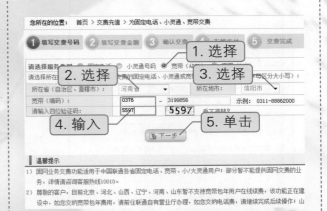

STEP 03 输入缴费金额，如果宽带已经欠费的话，会显示应交金额，单击"下一步"按钮。

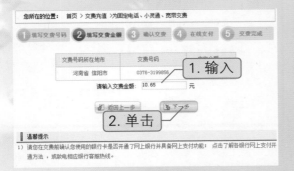

STEP 04 核对缴费号码和交费金额，确认输入无误，单击"确认交费"按钮。

STEP 05 选择要进行缴费的网上银行名称。

请确认您的订单信息，

订单号	商品名称	商品
03376110502021516711	中国联通交费充值	为号码0376-3199

选择银行(个人版)

- (●) 中国工商银行 / ( ) 中国农业银行
- ( ) 中国银行 / ( ) 交通银行
- ( ) 上海浦东发展银行 / ( ) 华夏银行
- ( ) 中国邮政 CHINA POST / ( ) 深圳发展银行
- ( ) 渤海银行 China Bohai Bank / ( ) 南京银行

STEP 06 单击"确认支付"按钮。

卡	额)	
证书	无限额，客户可自定义	无限额

- ( ) 中国农业银行 金卡 / ( ) 招商银行 企业
- ( ) 深圳发展银行 金卡
- ( ) 支付宝 余额支付 / ( ) 支付宝 卡通支付
- ( ) IPS账户支付

确认支付 (→)

STEP 07 输入银行卡账号和验证码，单击"提交"按钮。

商城名称： 深圳市财付通科技有限公司
订单号： 201105029698972
订单金额： RMB 10.65
商品编号：
商品名称：
商品数量：
已含运费金额： RMB 0.00

① 请检查IE浏览器上的安全挂锁标识 🔒
② 请输入支付卡(账)号和验证码
支付卡(账)号： 9558824402002967743
请输入右侧显示的验证码： np35 *np 35* 刷新验证码
③ 提交后请核对您的预留验证信息(点击查看说明)

提交*** 重填*** 关闭***

STEP 08 查看显示的预留信息与自己在网上银行的预留信息是否相符，单击"全额付款"按钮。

您在我行的预留信息如下：

" "

"预留信息验证"可助您有效识别银行网站、防范不法分假银行网站进行网上诈骗。如果网页上没有显示预留验i显示的信息与您的预留信息不符，您应该立即停止交易并24小时客户服务热线95588联系。

全额付款*** 取消***

如果您还不是中国工商银行的网上银行注册用户，请点击这里申请注册。

STEP 09 输入口令卡密码、网银登录密码及验证码，单击"提交"按钮确认支付。

订单号： 201105029698972
支付卡(账)号： 9558824402002967743
订单总金额： RMB 10.65
已含运费金额： RMB 0.00

特别提示：请您核对上述金额，核对无误再进行支付
请输入如下显示位置的口令卡密码：

请在52秒内输入口令卡密码
7网4出C内场

****** (了解电子银行口令卡)

网银登录密码： ********
请输入右侧显示的验证码： ahun *ahun* 刷新验证码

提交*** 修改***

STEP 10 为联通宽带缴费成功，单击"到商城取货"链接。

支付成功

订单号： 201105029698972

交易流水号为： HFG000002141660370

尊敬
银行、电点四个务。

如果您没有取得您所购买的商品，请点击链接：到商城取货

【关闭窗口】

请与我们联系 webmaster@icbc.com.cn 中国工商银行

 **STEP 11** 在跳转到的页面显示交费完成。

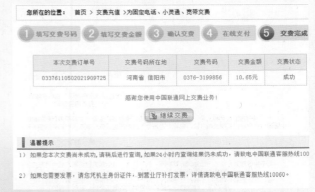

互动练习

根据下面的步骤提示，自己动手开通建设银行的个人网上银行服务。

STEP 01 打开中国建设银行的主页（www.ccb.com），单击"个人网上银行登录"下方的"马上开通"按钮。

STEP 02 单击"普通客户网上自动开通"模块里的"现在开通"按钮。

STEP 03 阅读服务协议，单击"同意"按钮。

第一步：阅读协议及风险提示

中国建设银行电子银行个人客户服务

中国建设银行股份有限公司电子银行
个人客户服务协议

为明确双方的权利和义务，规范双方业务行为，改善客户服务，本着平等互利的原则，中国建设银行股份有限公司（以下简称"乙方"）就中国建设银行电子银行服务的相关事

第一条 定义

如无特别说明，下列用语在本协议中的含义为：
电子银行服务：指乙方借助国际互联网、公共通讯、电话集成线路等方式为甲方提供
根据服务渠道的不同，可分为网上银行服务、电话银行服务、手机银
身份认证要素：指在电子银行交易中乙方用于识别甲方身份的信息要素，如客户号
网银盾、动态口令、签约设置的主叫电话号码、签约设置的手机SIM
密码：指甲方在电子银行服务中使用的各种密码，如登录密码、交易密码、账户密码
交易指令：指甲方通过电子银行渠道向乙方发出的查询、转账、购买金融资产等指示

同意　不同意

STEP 04 填写账户信息和页面显示的附加码，单击"下一步"按钮。

中国建设银行网上银行普通客户开通

普通客户开通流程： ▶ 阅读协议及风险提示 ▶ **填写账户信息** ▶ 设置网上银行

第二步：填写账户信息

客户姓名：	赵伟	*
账户：	6227 0015 4107 0113 134	*
账户取款密码：	●●●●●●	*
附加码：	ukwhn	*ukwhn* 看不清换一张

下一步　上一步

STEP 05 设置网上银行的登录密码和网银交易密码，单击"确定"按钮完成开通。

请设置您在网上银行的密码

网银登录密码	●●●●●●	*
再次输入网银登录密码	●●●●●●	*
网银交易密码	●●●●●●	*
再次输入网银交易密码	●●●●●●	*

提示

1、密码请用6-10位的字母、数字

2、登录密码在您登录网上银行时需要使用

3、交易密码在您登录网上银行后，进行网上交易、功能设置时使用

4、您必须牢记上述密码，如密码遗失，请终止网上服务后，重新开通网上服务

确定　重置
© 2004 中国建设银行版权所有

STEP 06 中国建设银行的网上银行开通成功，单击"登录网上银行"按钮即可登录建设银行的网上银行。

中国建设银行
China Construction Bank

操作结果

您成为建行网上银行的普通客户！

号码： 12345678910111213

以点击"登录网上银行"，享受我们为您提供的服务。

登录网上银行
© 2004 中国建设银行版权所有

第 **10** 章

网上购物与炒股

■ **任务播报**

❖ 在淘宝网上购物

❶ 注册成为淘宝会员

❷ 查找自己需要的商品并下订单

❸ 支付商品货款 ❹ 确认收货

❖ 网上炒股

❶ 下载与安装同花顺炒股软件

❷ 注册和登录同花顺

❸ 认识同花顺炒股软件的界面

❹ 同花顺软件的基本操作

❺ 自选股管理

❻ 网上委托交易

■ **任务达标**

❖ 学会在淘宝网上购物

❖ 学会在网上炒股

任务目标 ①　在淘宝网上购物

淘宝网是国内领先的个人交易网上平台，拥有数以万计的虚拟店铺，各种类型的商品都可以在淘宝上购买到，对于消费者来说，只需要点点鼠标，就可以在家"逛商店"。

➔ 任务精讲

1　注册成为淘宝会员

要在淘宝网上购物，首先需要注册成为淘宝网的会员，注册成为淘宝网会员的具体操作步骤如下。

STEP 01 打开淘宝网的首页（www.taobao.com），单击"免费注册"按钮。

STEP 02 进入注册页面，填写要注册的会员名、登录密码及验证码，单击"同意以下协议并注册"按钮。

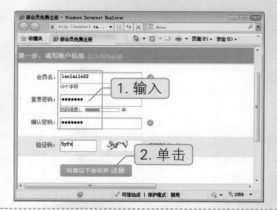

STEP 03 选择所在的国家地区，输入手机号码，单击"提交"按钮。

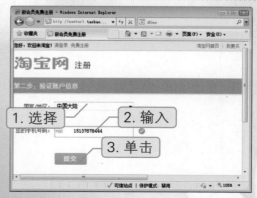

STEP 04 淘宝网会向输入手机号码的手机发送带有检验码的短信，查看手机中的短信，输入检验码，单击"验证"按钮。

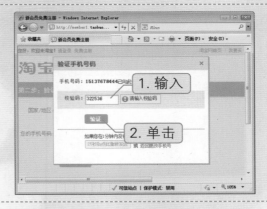

STEP 05 淘宝账户注册成功，可以使用用户名或手机号进行登录。

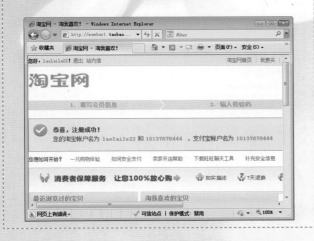

STEP 06 注册完淘宝账户后，同时也开通了支付宝账户，支付宝账户名为验证使用的手机号码。

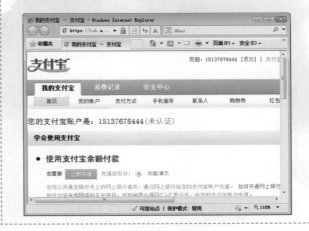

2　查找自己需要的商品并下订单

注册成为淘宝会员后就可以在淘宝网上进行购物了，下面以购买"阿里通"网络电话的充值卡为例进行介绍，具体的操作步骤如下。

STEP 01 打开淘宝网首页，在搜索框中输入要搜索的商品名称，由于要购买"阿里通"网络电话充值卡，所以输入商品名称"阿里通"，然后单击"搜索"按钮。

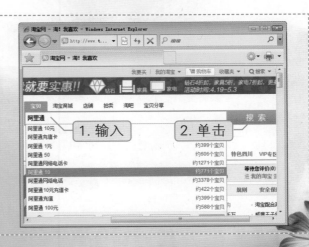

STEP 02 在搜索结果中缩小搜索范围，在价格栏中输入价格的上限和下限，单击"确定"按钮，搜索出的结果会在上限和下限的价格范围之内。

STEP 03 选择商品所在的地区，以及勾选"旺旺在线"复选框。在购买实物商品时选择离自己近的地区可以节省邮费。

STEP 04 对商品的价格进行对比，选择中意的卖家，然后单击卖家名称右侧的"和我联系"按钮。

STEP 05 弹出聊天窗口，询问卖家这个商品是否有货，得到有货的答复后就可以拍下商品了。

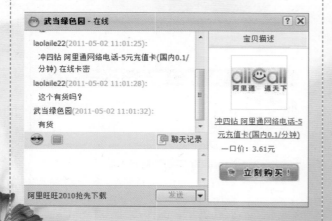

STEP 06 单击商品标题链接，打开商品详细介绍的页面，输入要购买的数量，单击"立刻购买"按钮。

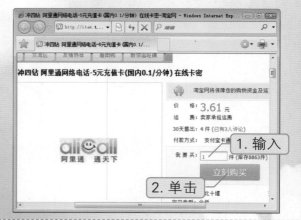

STEP 07　填写收货地址、收货人姓名和手机号。

STEP 08　向下拖动滚动条，单击"确认无误，购买"按钮。

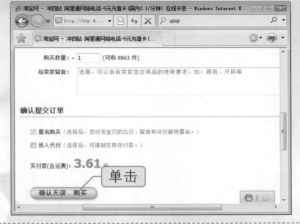

STEP 09　进入到"已买到的宝贝"选项中可以查看到已经拍下的商品状态。

3　支付商品货款

拍下商品后，需要向卖家支付货款，支付货款有两种方式，一种是直接使用网上银行进行支付，另一种是使用支付宝余额进行付款。下面介绍如何为支付宝充值，以及如何使用支付宝余额支付商品货款，具体的操作步骤如下。

STEP 01　打开支付宝的首页（www.alipay.com），单击"淘宝会员"选项卡，输入淘宝账户名和密码，单击"登录"按钮。

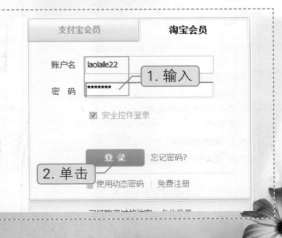

STEP 02 登录支付宝后，单击"立即充值"按钮。

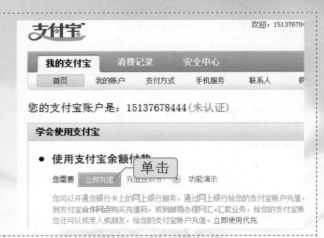

STEP 03 选择要充值的网上银行名称，单击"下一步"按钮。

STEP 04 输入充值金额，单击"登录到网上银行充值"按钮。

STEP 05 输入银行卡账号和页面上显示的验证码，单击"提交"按钮。

STEP 06 查看显示的预留信息与自己在网上银行的预留信息是否相符，单击"全额付款"按钮。

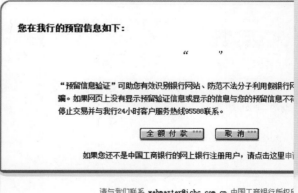

STEP 07 输入口令卡密码、网银登录密码及验证码，单击"提交"按钮确认支付。

STEP 08 为支付宝充值成功。

STEP 09 返回到支付宝首页，可以看到充值后的可用余额。

STEP 10 返回到淘宝首页，单击"我的淘宝"菜单，在下拉菜单中选择"已买到的宝贝"选项。

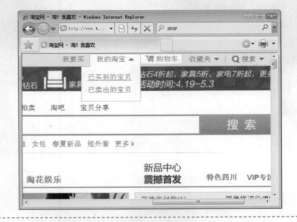

STEP 11 在"已买到的宝贝"页面中找到刚才拍下的商品，单击右侧的"付款"按钮。

STEP 12 输入支付宝的支付密码，单击"确认付款"按钮。

STEP 13 货款支付成功，单击卖家昵称右侧的"和我联系"按钮。

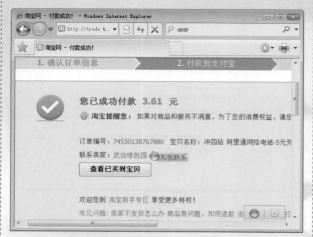

STEP 14 与卖家进行交谈，催促卖家尽快发货。

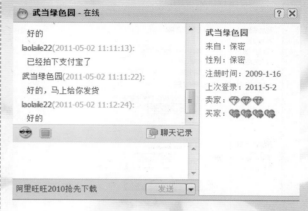

STEP 15 卖家告知充值卡卡号和密码，复制卡号和密码。

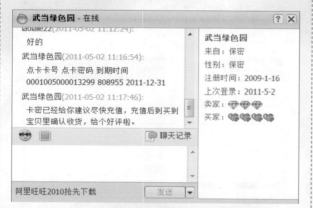

STEP 16 登录"阿里通"网络电话软件，粘贴上复制的卡号和密码，单击"确定"按钮进行充值。

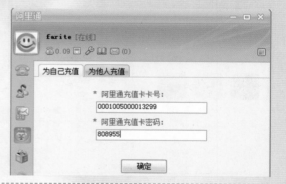

STEP 17 充值成功，单击"确定"按钮。

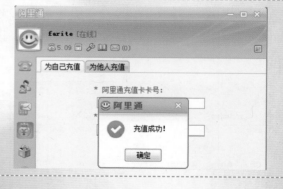

4 | 确认收货

买家在收到货之后，需要在淘宝上确认收货，卖家才能收到货款，然后结束这笔交易。下面介绍如何确认收货，以及如何给对方进行评价，具体的操作步骤如下。

STEP 01　进入"已买到的宝贝"页面，在已收到货的商品右侧单击"确认收货"按钮。

STEP 02　输入支付宝账户的支付密码，单击"确定"按钮。

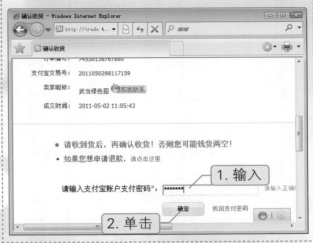

STEP 03　弹出提示对话框，单击"确定"按钮将货款付给卖家。

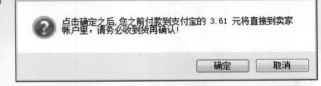

STEP 04　交易已经成功，卖家会收到货款，单击"给对方评价"按钮。

STEP 05　选择评价的级别，有好评、中评和差评三个级别可以选择，输入对卖家的评价内容。

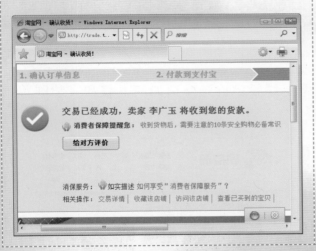

STEP 06 向下拖动滚动条，单击星星图标为对方进行动态评分，然后单击"确认提交"按钮。

STEP 07 给对方的评价成功，单击页面右上角的"关闭"按钮结束交易。

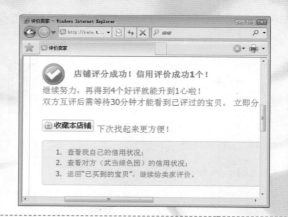

任务目标 2 网上炒股

对于已经在股票交易中介公司开户的中老年股民，只要开通了网上银行，就可以使用电脑下载一个股票交易软件，坐在家里进行网上炒股了。

→ 任务精讲

1 下载与安装同花顺炒股软件

下面以同花顺炒股软件为例介绍如何在网上炒股，首先介绍如何下载和安装同花顺炒股软件，具体的操作步骤如下。

STEP 01 打开同花顺炒股软件的主页（www.10jqka.com.cn），单击"下载中心"链接。

STEP 02 找到同花顺2011标准版的下载位置，单击"官方下载"按钮。

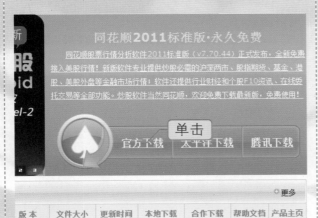

STEP 03 弹出"文件下载-安全警告"对话框，单击"保存"按钮。

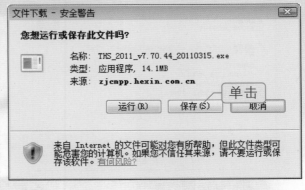

STEP 04 选择软件的保存位置，单击"保存"按钮开始进行下载。

STEP 05 同花顺炒股软件下载完成，单击"运行"按钮启动安装向导。

STEP 06 弹出安装向导对话框，单击"下一步"按钮。

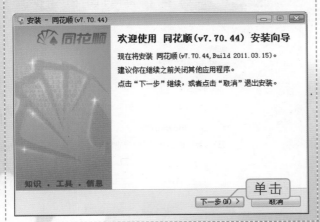

STEP 07 选择软件要安装的位置，然后单击"下一步"按钮。

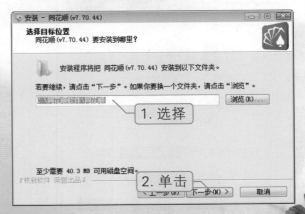

STEP 08 勾选要执行的附加任务，单击"下一步"按钮。

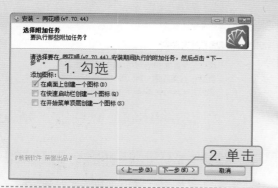

STEP 09 选择使用的网络运营商，然后单击"确定"按钮。

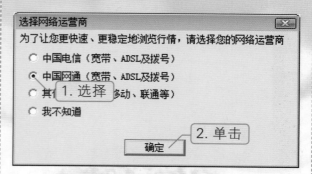

2　注册同花顺账户

在使用同花顺炒股软件之前，还需要注册一个同花顺账户，具体的操作步骤如下。

STEP 01 双击桌面上的"同花顺"图标启动同花顺软件。

STEP 02 单击"免费注册"按钮注册同花顺账号。

STEP 03 输入要注册的用户名，单击"下一步"按钮。

STEP 04 输入要设置的密码，单击"下一步"按钮。

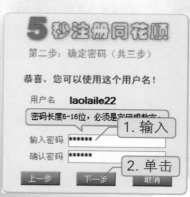

STEP 05 输入联系电话和电子邮箱地址，单击"完成"按钮。

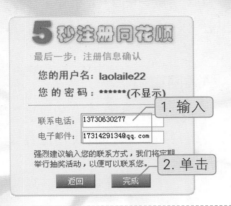

STEP 06 选择行情主站，单击"选择最快行情主站"按钮让系统推荐选择最快的服务器，单击"确定"按钮。

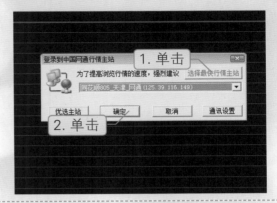

STEP 07 进入到同花顺软件的主界面。

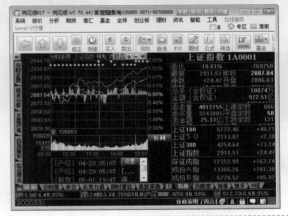

3 认识同花顺炒股软件的界面

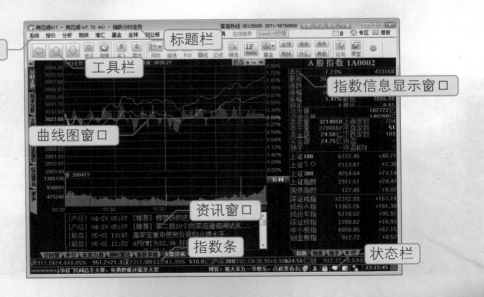

标题栏	菜单栏
标题栏位于窗口的顶部，反映出程序当前连接的行情主站名称（如果脱机，则显示"本地"）、程序名称和当前页面名称等信息。	菜单栏有"系统"、"报价"、"分析"、"期货"等11个菜单，这11个菜单中包括了"同花顺"软件所有的操作命令。
工具栏	曲线图窗口
工具栏上汇集了一些最常用的功能，可以方便您的使用。	在曲线图窗口中显示的是股票的行情走势，用户可以通过曲线图方便地查看股票的涨跌情况。
资讯窗口	指数条
在资讯窗口中可以查看各类股票的资讯信息。	指数条用来显示上证指数、深证指数、涨跌、成交金额及上涨、平盘、下跌家数。
即时交易信息显示窗口	状态栏
单击指数条中的指数名称，会在即时交易信息显示窗口中显示详细的信息。	状态栏由当前时间及连接信息、个人雷达预警等图标组成。

4　同花顺软件的基本操作

下面介绍同花顺软件的基本操作方法，只需要简单学习，就可以轻松掌握了。

STEP 01　在任一界面下单击鼠标右键，能迅速找到目前状态下可以使用的常用功能。

STEP 02　在不同的界面下所显示出来的右键菜单是不同的，即使在同一界面下，使用鼠标右击不同的地方弹出的右键菜单也有不同。

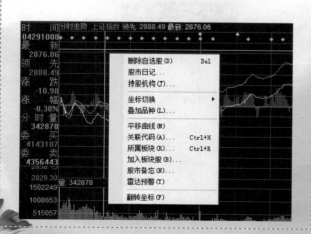

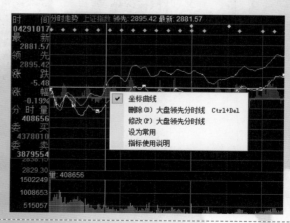

STEP 03 当您按下键盘上任意一个数字或字母的时候，都会弹出"键盘精灵"。在"键盘精灵"中可以输入代码、名称或名称的汉语拼音首字母来搜索对应的商品。

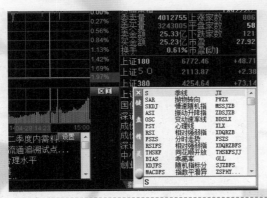

STEP 04 单击"报价"菜单，然后选择不同的子菜单，可以查看不同的报价。

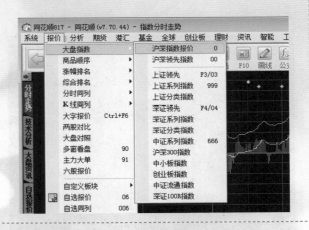

STEP 05 在查看报价表时，可以使用鼠标拖动调整列的次序，以方便查看。

STEP 06 在报价表中双击一支股票的名称，可以查看这支股票的分时走势图。

STEP 07 分时走势图是证券一天中即时走势的连续揭示。白色曲线为每分钟成交价的连线，黄色曲线为每分钟均价的连线。

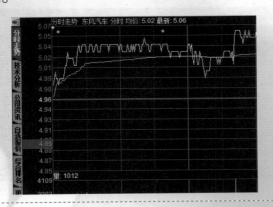

STEP 08 在行情报价界面中，用户可以看到，在每支股票名称后面，都带有若干个金黄色的星星，这是同花顺研究中心为每支股票进行的评星评级。

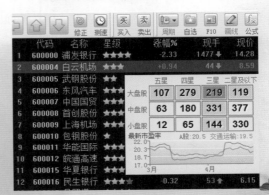

STEP 09 单击主界面左侧的"技术分析"选项卡可以进入技术分析界面，技术分析通过各种指标曲线来记录并分析预测证券走势。

STEP 10 使用鼠标在技术分析窗口上单击，会出现一个十字光标，当光标移动到走势线的某个位置，该窗口会提示光标所在位置的一些交易信息。

同花顺软件支持汉字输入和模糊查找。这样用户不仅可以用键盘精灵实现股票的输入，还可以用来做股票的快速搜索。例如，输入"钢"字，就会看到所有名称中包含"钢"字的股票，然后用上、下方向键就可以选择查看了。

5 自选股管理

下面介绍如何添加和删除自选股、如何调整自选的显示顺序、如何以大字显示报价，以及如何设置雷达预警。

STEP 01 要添加自选股，可以在查看的证券窗口中单击鼠标右键，选择"加入自选股"选项，系统会自动将该品种加入到用户的自选股板块中。

STEP 02 按下键盘上的"F6"键，可以调出自选股报价界面，如果要删除某支股票，可选中该股票，然后单击鼠标右键，选择"删除自选股"选择即可。

STEP 03 单击"工具"菜单，选择"自选股设置"选项。

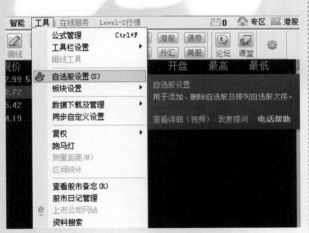

STEP 04 弹出"自选股设置"对话框，在这里可以添加和删除股票，以及调整股票的显示顺序。

STEP 05 单击"报价"菜单，选择"大字报价"选项，可以换成大字报价，方便中老年用户更清楚地查看数据行情。

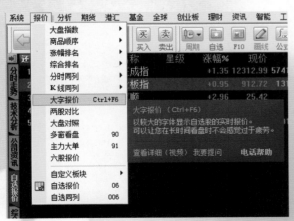

STEP 06 使用大字报价显示数据的效果。

STEP 07 选中一支股票，单击鼠标右键，选择"雷达预警"选项。

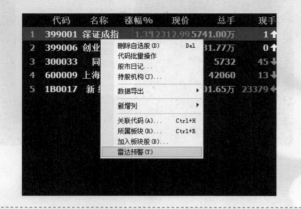

STEP 08 弹出"设置个股预警条件"对话框，设置预警的条件及预警方式，然后单击"确定"按钮完成设置。

6 网上委托交易

使用"同花顺"软件可以方便地在线进行股票的买入和卖出交易，具体的操作步骤如下。

STEP 01 单击"理财"菜单，选择"第三方委托"选项。

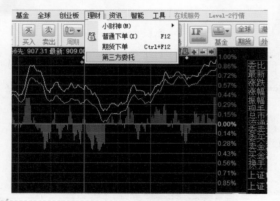

STEP 02 弹出"下载配置"对话框，选择开户券商，单击"下一步"按钮。

STEP 03 选择所在的开户券商营业部，然后单击"确定"按钮。

STEP 04 单击"添加"按钮，可以添加更多的开户券商，添加完成后，单击"确定"按钮。

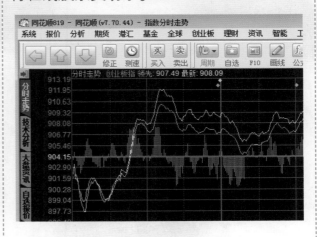

STEP 05 进入用户登录界面，输入股票账号和交易密码，然后单击"确定"按钮进行登录。

STEP 06 登录完成后，单击工具栏中的"买入"和"卖出"按钮，即可开始进行在线股票交易了。

互动练习

根据下面的步骤提示，注册一个当当网的会员账号，然后在当当网购买中老年养生保健类的图书。

STEP 01 打开当当网的首页（www.dangdang.com），单击"免费注册"链接，注册一个当当网账号。

STEP 02 输入要注册的邮箱地址、密码及验证码，单击"提交注册"按钮。

STEP 03 当当网账号注册成功，接着就可以在当当网上购买图书了。

STEP 04 在当当网首页上单击选择商品类别，由于要购买保健类的图书，所以单击"图书音像"类别，然后单击"生活"分类下的"保健"链接。

STEP 05 保健类图书分为多个种类，单击"中老年"分类链接。

STEP 06 筛选出中老年保健类的图书，阅读图书简介选择要购买的图书，然后单击右侧的"购买"按钮。

STEP 07 进入结算页面，确认要购买的图书和数量，单击"结算"按钮。

当当价	优惠	数量	操作
￥22.70 (65折)	0	1	移入收藏 删除
￥18.20 (65折)	0	1	移入收藏 删除

商品金额总计：￥ 40.90

继续购物　　结　算 ►

STEP 08 填写收货人姓名、地址、邮编及手机号码，单击"确认收货人信息"按钮。

1.我的购物车　2.确认订单信息　3.成功

请确认以下信息，然后提交订单

收货人信息

收货人：赵伟
地区：中国 ▼ 北京 ▼ 北京市 ▼ 东城区
街道地址：中国，北京，北京市，东城区，朝阳门北大街14号205室
邮编：100001
手机：15900000000 或者 固定电话：

确认收货人信息

STEP 09 选择合适的送货方式，单击"确认送货方式"按钮。

1.我的购物车　2.确认订单信息　3.成功提交订单

请确认以下信息，然后提交订单

收货人信息 [修改]

赵伟，中国，北京，北京市，东城区，朝阳门北大街14号205室，100001，15900000000，

送货方式

送货方式	运费
普通快递送货上门 （支持货到付款）	5元（购物再29元免运费）
加急快递送货上门 （支持货到付款）	10元
邮政特快专递 EMS（不支持货到付款）	订单总金额的50%，最低20元
圆通快递 （不支持货到付款）	10元
自提	免运费

确认送货方式

STEP 10 勾选付款方式，这里选择网上支付，单击"确认付款方式"按钮。

付款方式 [关闭]

● 网上支付 您需要先拥有一张已开通网上支付功能的银行卡。使用网上支付，您将

支持以下银行：

招商银行　中国工商银行　中国农业银行

支持以下支付平台：无手续费，支持交行、中信、浦发、广发、民生等二十余

支付宝　快钱　银联电子支付 CHINAPAY

● 邮局汇款 您需要先去邮局汇款，所购商品将在款项到达当当网账户后发出，到款时

● 银行转帐 您需要先去银行转帐，所购商品将在款项到达当当账户后发出，到款时

确认付款方式

STEP 11 填写提问的答案，然后单击"提交订单"按钮。

[返回修改购物]

当当价	优惠	数量	小计
￥18.20(65折)		1	￥18.20
￥22.70(65折)		1	￥22.70

商品金额总计：￥40.90
运费：￥20.50
您需支付：￥61.40

提问：**4减二等于?** 换一题 回答：2

提交订单

STEP 12 单击"选择银行支付"按钮支付货款，支付成功后，就可以等待送货员将购买的图书送货上门了。

2.确认订单信息　3.成功提交订单

订单8201733875已提交，您需要支付￥61.40

请：选择银行支付 ► 支付成功后，预计1天内从北京发货。

我的订单"中查看或取消您的订单，由于系统需进行订单预处理，您可能不会立刻查询
小时内为您保留未支付的订单。请及时去我的订单完成支付

Chapter
Eleven

第11章

维护系统安全

■ **任务播报**

❖ 认识电脑病毒

❶ 什么是电脑病毒

❷ 电脑病毒的特性

❸ 电脑病毒的危害

❹ 电脑病毒的防范措施

❖ Windows操作系统的安全设置

❶ 设置IE安全级别

❷ 安装系统补丁

❸ 启用Windows防火墙

■ **任务达标**

❖ 认识电脑病毒的危害

❖ 掌握防火墙和杀毒软件的使用方法

任务目标 1 认识电脑病毒

电脑病毒是一段程序，它和生物病毒一样，具有复制和传播能力。电脑病毒不是独立存在的，而是寄生在其他可执行程序中，具有很强的隐蔽性和破坏性，一旦工作环境达到病毒发作的要求，就会影响电脑的正常工作。

➔ 任务精讲

1 什么是电脑病毒

电脑病毒简单地讲，是一种人为编制的电脑程序，而不是人们传统意义上讲的病毒（如感冒）。一般是编制者为了达到某种特定的目的，编制的一种具有破坏电脑信息系统、毁坏数据等影响电脑使用的电脑程序代码。这种程序一般来说是一种比较精巧严谨的代码，按照严格的逻辑组织起来。在大多数情况下，这种程序不是独立存在的，它依附（寄生）于其他的电脑程序。称之为病毒，原因很简单，就是它如同生物病毒一样，具有破坏性，又有传染性和潜伏性。

2 电脑病毒的特征

电脑病毒具有以下的主要特征。

（1）隐蔽性：电脑病毒的隐蔽性使得人们不容易发现它，例如有的病毒要等到某个月13日且是星期五才发作，平时的日子不发作。一台电脑或者一张软盘被感染上病毒一般是无法事先知道的，病毒程序是一个没有文件名的程序。

（2）潜伏性：从被感染上电脑病毒到电脑病毒开始运行，一般是需要经过一段时间的。当满足一个指定的环境条件时，病毒程序才开始活动。

（3）传染性：电脑病毒程序的一个特点是能够将自身的程序复制给其他程序（文件型病毒），或者放入指定的位置，如引导扇区（引导型病毒）。

（4）欺骗性：每个电脑病毒都具有特洛伊木马的特点，用欺骗手段寄生在其他文件上，一旦该文件被加载，就发生问题。

（5）危害性：病毒的危害性是显然的，几乎没有一个无害的病毒。它的危害性不仅体现在破坏系统、删除或者修改数据方面，而且还要占用系统资源，干扰电脑的正常动作等。

3 电脑病毒的危害

电脑病毒会对电脑造成什么样的危害呢?

电脑病毒对电脑有着极大的破坏性,电脑病毒发作时,可以破坏电脑的其他程序及其软硬件资源,从而影响电脑系统的正常工作。电脑病毒具有极强的寄生性、复制性和传染性。电脑病毒可以在网络上进行传播,如用户下载文件时,可能会将带病毒的文件下载到自己的电脑中;在使用Outlook Express接收电子邮件时,病毒可能隐藏在邮件的附件中,当用户打开邮件附件时,隐藏在其中的病毒便会感染用户的电脑。

4 电脑病毒的防范措施

电脑病毒的主要防范措施有以下几方面。

(1)对公用软件和共享软件的使用要谨慎,禁止在机器上运行任何游戏盘,因游戏盘携带病毒的概率很高。禁止将U盘带出或借出使用,必须要借出的盘归还后一定要进行检测,确认无毒后才能使用。

(2)经常制作文件备份,遭到病毒侵害时能立即恢复文件,免受损失。

(3)写保护所有系统盘,不要把用户数据或程序写到系统盘上。应备份一份无毒的系统盘并写保护。

(4)对来历不明的软件不要不经检查就上机运行。要尽可能使用多种最新查毒、杀毒软件来检查外来的软件,未经检查的可疑文件不能复制到本机中,同时,经常用查毒软件检查系统、硬盘上有无病毒。

任务目标 2 Windows操作系统的安全设置

对于电脑的网络安全设置,包含了系统的方方面面。下面从多个侧面给大家介绍如何设置电脑的网络安全。

➡ 任务精讲

1 设置IE安全级别

大家浏览网页的时候,通常都是通过IE浏览器进行的,那么,IE浏览器的安全级别设置在网络安全方面就显得尤为重要了,下面给大家介绍设置IE浏览器安全级别的方法。

STEP 01 打开IE浏览器，在工具栏中执行"工具 / Internet选项"命令。

STEP 02 在打开的"Internet选项"对话框中单击"安全"选项卡，在其中用户可以对不同区域的网页内容指定安全设置。

STEP 03 选中"Internet"图标后，再单击"自定义级别"按钮。

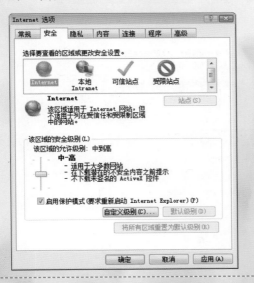

STEP 04 弹出"安全设置–Internet区域"对话框，在其中用户可以通过对应的下拉菜单选择设置安全级别。

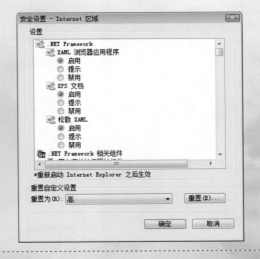

2　安装系统补丁

　　为系统安装补丁程序，可以增强系统的安全性与稳定性，让电脑系统更好地为用户服务。用户可以通过Windows Update来实现安装补丁的功能，具体的操作步骤如下。

STEP 01 单击"开始"按钮，在弹出界面中选择"控制面板"选项。

STEP 02 在"控制面板"界面中单击"Windows Update"选项。

STEP 03 单击界面左侧的"更改设置"选项。

STEP 04 选择Windows更新的方式及更新的时间，单击"确定"按钮。

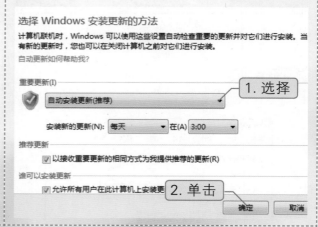

STEP 05 单击"安装更新"按钮开始下载补丁。

STEP 06 补丁下载完成后会自动开始进行安装。

STEP 07　补丁安装成功后，单击"立即重新启动"按钮，重新启动计算机。

3　启动Windows防火墙

开启Windows防火墙，可以确保电脑不受到其他不良程序破坏，开启Windows防火墙的具体操作步骤如下。

STEP 01　在"控制面板"中单击"Windows防火墙"选项。

STEP 02　单击界面左侧的"打开或关闭Windows防火墙"选项。

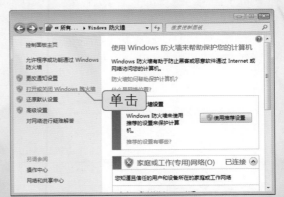

STEP 03　选择家庭或工作以及公用网络位置设置下面的"启用Windows防火墙"单选项，单击"确定"按钮。

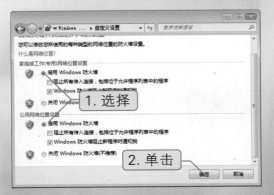

STEP 04　Windows防火墙已经开启，单击"允许程序或功能通过Windows防火墙"选项。

STEP 05 勾选允许通过Windows防火墙的程序，单击"确定"按钮。

STEP 06 在使用网络软件的时候，如果出现无法连接的情况，可以在Windows防火墙界面单击"还原默认设置"选项。

STEP 07 单击"还原默认设置"按钮。

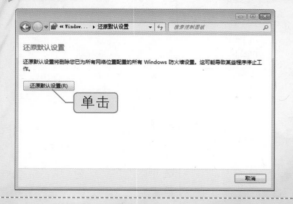

STEP 08 弹出提示对话框，单击"是"按钮还原为默认值。

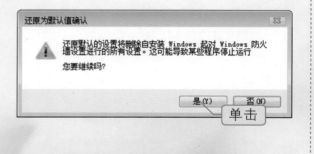

3 使用防火墙防御黑客攻击

任务目标

在电脑中安装和使用防火墙软件，是确保电脑不受到其他不良程序破坏的又一重要手段。在平时使用电脑的时候，如果电脑遭受病毒的侵扰后，需要使用杀毒软件来对这些病毒进行清除。

⊙ 任务精讲

1 防火墙简介

防火墙是指设置在不同网络（如可信任的企业内部网和不可信任的公共网）或网络

安全域之间的一系列部件的组合。它可通过监测、限制、更改跨越防火墙的数据流，尽可能地对外部屏蔽网络内部的信息、结构和运行状况，以此来实现网络的安全保护。

在逻辑上，防火墙是一个分离器，一个限制器，也是一个分析器，有效地监控了内部网和Internet之间的任何活动，保证了内部网络和电脑的安全。而我们经常在家用电脑中提到的防火墙，通常是指防火墙软件，通过该软件能够在个人电脑与Internet之间建立一个防护网，以确保个人电脑的安全使用。

2　安装瑞星杀毒软件

瑞星杀毒软件是一款基于瑞星"云安全"设计的新一代杀毒软件。瑞星杀毒软件可将所有的互联网威胁拦截在用户电脑以外，并且可以永久免费使用。下面介绍如何安装瑞星杀毒软件，具体的操作步骤如下。

STEP 01 打开瑞星杀毒软件的首页（www.rising.com.cn），找到瑞星杀毒软件2011的下载位置，单击"免费下载"按钮。

STEP 02 选择软件保存的位置，单击"下载"按钮开始下载。

STEP 03 瑞星杀毒软件下载完成后，找到保存的位置，双击瑞星杀毒软件的图标启动安装程序。

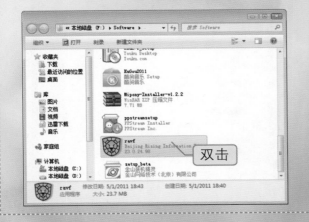

STEP 04 单击选择瑞星软件的语言，默认为"中文简体"，选择后单击"确定"按钮。

STEP 05 进入欢迎界面，单击"下一步"按钮。

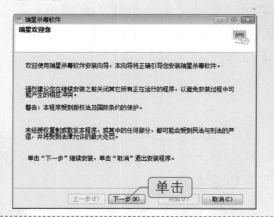

STEP 06 选择"我接受"单选项，单击"下一步"按钮。

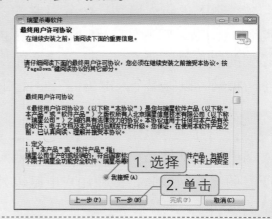

STEP 07 选择要安装的组件，单击"下一步"按钮开始进行安装。

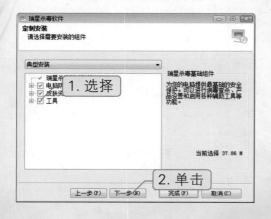

STEP 08 在这一步里可以选择填写电子邮箱地址，然后单击"下一步"按钮。

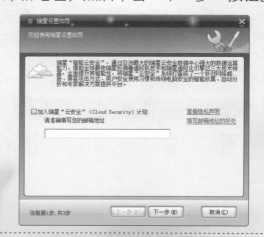

STEP 09 勾选要进行保存的应用程序，单击"下一步"按钮。

STEP 10 选择升级模式和工作模式，单击"完成"按钮结束安装。

3 | 使用瑞星杀毒软件查杀病毒

下面介绍如何使用瑞星杀毒软件查杀电脑中的病毒，具体的操作步骤如下。

STEP 01 在使用瑞星软件查杀病毒之前，需要先更新病毒库，单击"软件升级"选项。

STEP 02 弹出智能升级窗口，在这个窗口里可以看到查看到升级的进度。勾选"隐藏升级窗口"复选框，可以将升级窗口隐藏掉。

STEP 03 瑞星杀毒软件升级成功，单击"完成"按钮结束升级。

STEP 04 使用瑞星查杀病毒有三种方式，分别是"快速查杀"、"全盘查杀"和"自定义查杀"，单击"快速查杀"按钮只扫描系统敏感区域，单击"全盘查杀"按钮会对整个硬盘进行扫描，单击"自定义查杀"按钮可以自定义查杀区域。这里单击"自定义查杀"按钮。

STEP 05 勾选要扫描的区域，单击"确定"按钮。

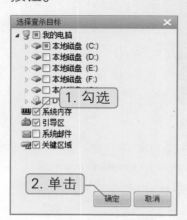

STEP 06 瑞星杀毒软件开始进行扫描，扫描的时候可以查看扫描的进度。

STEP 07 扫描完成，查看扫描结果。如果扫描出病毒，瑞星杀毒软件会自动将病毒清除掉。

4　使用瑞星防火墙

　　瑞星防火墙具有完备的规则设置，能有效地监控任何网络连接，保护网络不受黑客的攻击。同时还可以保护用户在访问网页时，不被病毒及钓鱼网页侵害。在瑞星的主页上可以下载瑞星防火墙，瑞星防火墙与瑞星杀毒软件的安装方法相同，这里只介绍瑞星防火墙的使用方法。

STEP 01 打开"瑞星个人防火墙"的主界面，界面显示网络安全状态为"高危"，单击"请修复"按钮。

STEP 02 弹出"安全检查"对话框，单击"从未更新"选项更新瑞星个人防火墙。

STEP 03 正在更新防火墙软件，单击"停止升级"按钮可以中止更新。

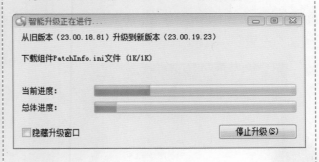

STEP 04 软件更新到了最新的版本，单击"完成"按钮结束更新。

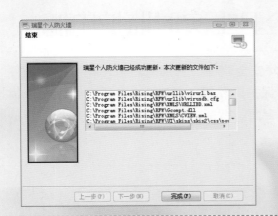

STEP 05 返回到主界面，单击"安全检查"对话框中的"修复"选项，修复网络防护异常。

STEP 06 全部修复完成后，界面上显示网络安全状态为"安全"。

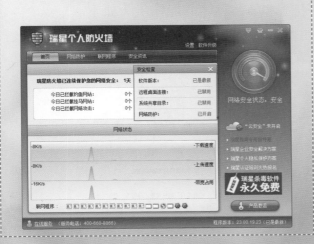

STEP 07 单击"网络防护"选项卡，可以对界面上显示的选项进行开启和关闭设置。

STEP 08 单击"联网程序"选项卡，可以查看到正在联网的程序，以及这些程序的安全等级和产生的数据流量。最后单击"设置"按钮。

STEP 09 在"网络防护"选项卡里设置防护的级别，有"高"、"中"、"低"三种级别可以选择，设置完成后，单击"确定"按钮。

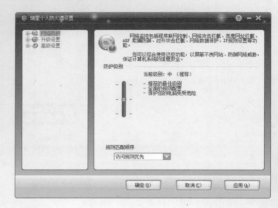

任务目标 4 使用360安全卫士实时监护电脑

360安全卫士是一款上网安全软件，它拥有查杀木马、清理插件、修复漏洞、电脑体检、保护隐私等多种功能。360安全卫士依靠抢先侦测和云端鉴别，可全面、智能地拦截各类木马，保护用户的账号、隐私等重要信息。

➔ 任务精讲

1 查杀流行木马

下面介绍如何使用"360安全卫士"软件查杀木马，具体的操作步骤如下。

STEP 01 启动"360安全卫士"软件，单击"常用"选项下的"查杀木马"选项卡。

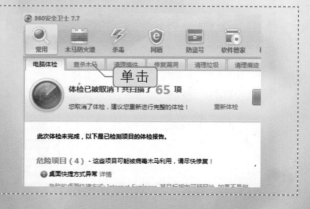

STEP 02 单击"快速扫描"选项。

STEP 03 扫描结束，发现有危险项，勾选要处理的危险项，单击界面右下角的"立即处理"按钮。

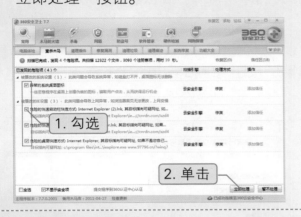

STEP 04 处理成功，选择是否重启电脑。

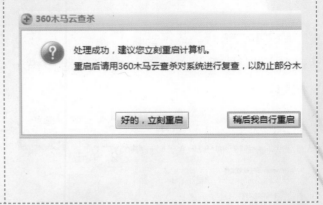

2 清理垃圾插件

下面介绍如何使用"360安全卫士"清理垃圾插件，具体的操作步骤如下。

STEP 01 单击 "常规"选项下的"清理插件"选项卡，接着单击"开始扫描"按钮。

STEP 02 扫描完成，勾选扫描出的差评插件，单击界面右下角的"立即清理"按钮。

STEP 03 插件清理完成，部分插件需要重启电脑才能彻底清除，单击"确定"按钮重启电脑。

3 | 清理系统垃圾和使用痕迹

使用"360安全卫士"软件可以清理系统垃圾和使用痕迹，具体的操作步骤如下。

STEP 01 单击"常规"选项下的"清理垃圾"选项卡，接着单击"开始扫描"按钮。

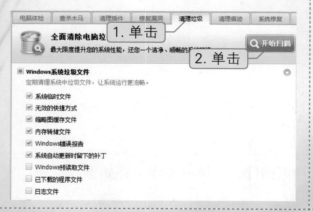

STEP 02 扫描完成，单击"立即清除"按钮清理扫描出的系统垃圾。

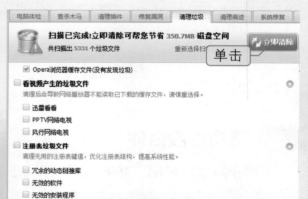

STEP 03 清理完成，单击"清理痕迹"选项卡。

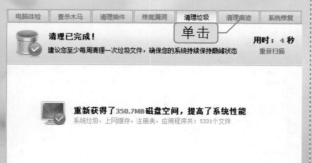

STEP 04 勾选要扫描的选项，单击"开始扫描"按钮。

STEP 05 扫描完成，单击"立即清理"按钮。

STEP 06 清理已经完成，扫描出的软件使用痕迹被清理掉了。

4 | 修复系统异常

下面介绍如何使用"360安全卫士"修复系统异常，具体的操作步骤如下。

STEP 01 单击"常规"选项下的"系统修复"选项卡，接着单击"开始扫描"按钮。

STEP 02 扫描完成，勾选红色字体显示的危险项，单击"一键修复"按钮。

STEP 03 系统修复完成，弹出提示窗口，单击"立即重启"按钮，重新启动电脑。

互动练习

按照下面的步骤提示，下载安装"金山装机精灵"软件，使用此软件安装系统补丁，备份和还原系统数据。

1. 打开金山网络的首页（www.ijinshan.com），找到"金山装机精灵"的下载位置，单击"下载"按钮下载并安装"金山装机精灵"软件。

2. 启动"金山装机精灵"软件，单击"装补丁"按钮。

3. 勾选要下载安装的补丁选项，单击"立即修复"按钮。

4. 返回到"金山装机精灵"主界面，单击"备份数据"按钮。

5. 设置备份数据保存的位置，单击"开始备份"按钮进行备份。

6. 需要还原数据的时候，只需启动"金山装机精灵"软件，单击"还原数据"按钮。

7. 选择备份包名称，单击"开始还原"按钮。

反侵权盗版声明